环境与健康系列

U0181915

臭氧的认知、

污染控制及人群健康防护

中国疾病预防控制中心环境与健康相关产品安全所　组织编写

徐东群　王　秦　主　编

人民卫生出版社

·北　京·

图书在版编目（CIP）数据

臭氧的认知、污染控制及人群健康防护 / 中国疾病预防控制中心环境与健康相关产品安全所组织编写 . -- 北京：人民卫生出版社，2021.6
（环境与健康系列）
ISBN 978-7-117-31700-9

Ⅰ.①臭… Ⅱ.①中… Ⅲ.①臭氧 – 基本知识 Ⅳ.①0613.3

中国版本图书馆 CIP 数据核字（2021）第 104980 号

人卫智网	www.ipmph.com	医学教育、学术、考试、健康，购书智慧智能综合服务平台
人卫官网	www.pmph.com	人卫官方资讯发布平台

环境与健康系列
臭氧的认知、污染控制及人群健康防护
Huanjing yu Jiankang Xilie
Chouyang de Renzhi、Wuran Kongzhi ji Renqun Jiankang Fanghu

组织编写：中国疾病预防控制中心环境与健康相关产品安全所
出版发行：人民卫生出版社（中继线 010-59780011）
地　　址：北京市朝阳区潘家园南里 19 号
邮　　编：100021
E - mail：pmph @ pmph.com
购书热线：010-59787592　010-59787584　010-65264830
印　　刷：人卫印务（北京）有限公司
经　　销：新华书店
开　　本：889×1194　1/32　印张：3
字　　数：55 千字
版　　次：2021 年 6 月第 1 版
印　　次：2021 年 8 月第 1 次印刷
标准书号：ISBN 978-7-117-31700-9
定　　价：25.00 元

打击盗版举报电话：010-59787491　E-mail：WQ @ pmph.com
质量问题联系电话：010-59787234　E-mail：zhiliang @ pmph.com

《环境与健康系列——臭氧的认知、污染控制及人群健康防护》

编写委员会

主 编

  徐东群 王 秦

副主编

  叶 丹 李韵谱

编 委（按姓氏笔画排序）

  王 姣 王 秦 叶 丹 闫 旭 安克丽

  孙 玥 阳晓燕 李韵谱 杨文静 张海婧

  周 莹 莫 杨 徐东群 廖 岩

前言

　　近年来,党中央、国务院高度重视大气污染防治工作,将打赢蓝天保卫战作为打好污染防治攻坚战的重中之重。2017 年年底,在《大气污染防治行动计划》中确定的空气质量改善目标全部如期实现的基础上,2018 年国务院印发《打赢蓝天保卫战三年行动计划》,明确了大气污染防治工作的总体思路、基本目标、主要任务和保障措施,提出了打赢蓝天保卫战的时间表和路线图,进一步增强了大气污染防治的广度、深度和力度。2014—2019 年,随着我国空气污染治理力度的加大,重点空气污染物如细颗粒物(PM$_{2.5}$)、二氧化硫(SO$_2$)等污染程度得到了明显改善,但大气臭氧浓度却不断升高,是近年来空气质量评价 6 种指标中唯一持续上升的污染物。《2019 中国生态环境状况公报》显示,全国 337 个地级及以上城市臭氧年均浓度与 2018 年相比上升了 6.5%,以臭氧为首要污染物的超标天数占总超标天数的 41.8%,近地面臭氧污染已成为公众关注的热点大气污染问题。

《"健康中国 2030"规划纲要》和《健康中国行动（2019—2030）》提出引导公众参与健康行动,对主要健康问题及影响因素采取有效干预,形成政府积极主导、社会广泛参与、个人自主自律的良好局面,及有利于健康的生活方式、生态环境和社会环境。普及健康知识是实现健康中国的重要手段。了解环境危害因素,掌握科学防护知识,是提高公众健康素养的重要内容之一。普及健康知识,把提升健康素养作为增进全民健康的前提,根据不同人群特点有针对性地加强健康教育与促进,让健康知识、行为和技能成为全民普遍具备的素质和能力,实现健康素养人人有。

谈到臭氧,不仅要了解臭氧污染的危害、如何控制其污染及科学防护,还要了解在大气平流层中的臭氧对地球生物的保护作用,以及臭氧在工、农业生产及日常生活中的应用。为了普及臭氧相关知识,特别是指导公众参与到保护臭氧层、降低近地面臭氧污染的行动中,了解臭氧对健康影响及采取科学的防护措施,建立良好的生活行为习惯,中国疾病预防控制中心环境与健康相关产品安全所组织编写了《臭氧的认知、污染控制及人群健康防护》一书,并邀请国内相关领域专家对本书进行了审校,力求在科学性、实用性和可读性等方面,为公众提供臭氧相关的科学知识。

本书不仅适合普通公众阅读，也适合臭氧相关领域从业人员、科研工作者等参考。由于整理时间仓促，本书难免有不妥之处，敬请广大读者批评指正。

编者

2021 年 5 月

目录

一、臭氧的基础认知

1. 什么是臭氧

臭氧（O_3），由 3 个氧原子组成，是氧气（O_2）的同素异形体，可以说它是氧气的亲兄弟。气态低浓度臭氧在常温、常压下无色，当浓度达到 15% 时，呈淡蓝色，但由于臭氧具有很强的氧化能力，在空气中很不稳定，常温、常压下即可分解为氧气，所以臭氧的含量很难超过 10%。臭氧在低浓度下无味，高浓度下呈强烈的腥臭味。

2. 臭氧是如何被发现的

1785年,荷兰化学家马鲁姆(Marum)在密闭的玻璃管中将汞面上的氧气通电后,发觉有一股非常强烈的臭味,好像是"电气"的味道,他不知道这股臭味是什么。1839年,在巴塞尔(Basel)自然科学大会上,德国人舒贝因(Schonbein)在电解硫酸时发现有一种特殊臭味的气体释出,这种气体的气味与雷电之后空气中的腥臭味相同,他判定这种气味是由一种新物质产生的,并将此物质命名为臭氧。自此,臭氧的神秘面纱终于被意外地揭开了。1840年,舒贝因正式向慕尼黑科学院提交报告,宣布发现臭氧,用希腊文命名为OZEIN,他也被授予德国化学科学家称号,被世界公认为"臭氧之父"。

3. 臭氧到底有益还是有害

说到臭氧,它有"两个身份",一个是保卫地球的安全卫士,另一个则是会对人体健康造成危害的污染源。

(1)臭氧的益处

1)保护地球的大气臭氧层:地球被一层厚厚的大气层所包围,大气层主要分为五层,分别是对流层、平流层、中间层、热层和逃逸层。其中平流层位于距离地面20～30km的高度,汇集了大气中90%的臭氧,平均厚度约为3mm,通常称为臭氧层。臭氧层是由法国科学家法布里在 20 世纪初发现的。臭氧层主要有以下三个作用:①吸收太阳光中波长为 210～290nm 的紫外线,保护地球上的生物免受紫外线辐射的伤害,使生物得以生存繁衍,是地球生态系统的保护伞;②吸收太阳光中的紫外线并将其转换为热能加热大气,维持大气循环;③温室气体的作用,维持对流层上部和平流层底部的气温,避免地面气温下降。因此,臭氧的高度分布及变化是极其重要的。

2)广泛应用于各行业领域:臭氧具有强氧化性,具备良好的杀菌、脱色、氧化、除臭功能,被应用在各行业领域中。臭氧在与氧气的转化过程中没有二次残留及二次污染物产生,因此臭氧已广泛应用于水处理、空气净化、食品加工、医疗、农业、纺织等领域,对这些行业的发展起到了极大的推动作用。

(2)臭氧的害处:近地面臭氧是影响环境空气质量的重要污染物,环境空气臭氧浓度增加,将会对人体健康和生态环境产生有害影响。

1)对人体健康的危害:臭氧具有刺激性、强氧化性和腐蚀性,吸入过量臭氧会对人体造成健康危害。臭氧通过呼吸进入人体,会损伤肺细支气管与肺泡,造成肺部组织发炎,引发呼吸道感染。臭氧可产生神经毒性,出现记忆力衰退、视力下降和头晕头痛等症状。臭氧会破坏人体免疫功能,诱发人体淋巴细胞染色体出现病变,导致胎儿畸形。臭氧会破坏人体皮肤的维生素 E,使皮肤出现起皱和黑斑情况,加速人体的衰老。

2)对材料、制品的影响:臭氧强氧化性的特点,使其能够较快地与室内的建筑材料(如乳胶涂料等表面涂层)、居家用品(如软木器具、地毯等)、丝、棉花、醋酸纤维素、尼龙和聚酯制成品中含有不饱和碳碳键的有机化合物发生反应,从而导致染料褪色、照片图像层脱色、轮胎老化等。

3)对植被的影响:臭氧会造成植物叶绿素含量降低、叶片黄化、叶面积下降、叶面膜系统受到伤害、叶片提前衰老、叶片净光合速率下降、叶片数量减少、根茎生长受到抑制,植株矮化、株形缩小,从而造成农作物产量减少。大量的实验研究表明,当臭氧浓度升高时,会导致小麦、大豆等农作物产量降低,继而造成严重的经济损失。有研究人员按照农作物对臭氧的敏感程度由高到低进行了排位:①小麦、大豆、棉花;②西红柿、烟草、甜菜、油菜、苜蓿;③水稻、玉米、葡萄;④燕麦、大麦。

4)对土壤的影响:臭氧还能通过对植物的伤害进而影响土壤的肥力。通常植物会同化二氧化碳(CO_2)并部分传输给根部,再通过根部释放到土壤中,从而被土壤中的微生物所利用。而当植物暴露于臭氧污染的环境中时,会降低其同化的二氧化碳量,从而导致根际土壤中可供利用的碳量下降,进而抑制土壤微生物的生长与繁殖。土壤微生物活性的降低,必然导致土壤富集和碳加工能力下降,最终降低了土壤肥力。

4. 如何判断近地面臭氧污染

进入夏季后,臭氧污染进入高发期。有时候,明明天气晴朗,查看空气质量却提示有污染,这背后往往是臭氧超标所致。所以,在出行前除了关注天气状况和室外温度,还应了解当前室外环境空气质量,选择恰当的防护措施,保护身体健康。

根据我国《环境空气质量指数(AQI)技术规定(试行)》,空气质量指数能够指导我们对臭氧水平进行判断。如果空气质量指数级别为三级或以上,并且主要污染物中有臭氧时,人们就要引起警惕,采取对应的防护措施。

空气质量指数、空气质量预报中常见的名词术语及如何判断不同级别空气质量指数对应的臭氧污染相关内容见延伸阅读附件 1。

5. 什么情况下会接触到臭氧污染

臭氧浓度的高峰集中在夏季,日照强、云量少、风力弱的气象条件较容易形成臭氧污染。如果公众在这个时候进行户外活动,臭氧浓度较高,身体活动会导致人们更深、更快地呼吸,从而导致更多的臭氧被吸入体内,增加臭氧暴露的风险。另外,由于臭氧普遍应用于工业生产、食品加工、污水处理等行业中,因此从业人员在日常工作中易暴露于臭氧污染的环境中。在办公场所,复印机、打印机的使用是室内臭氧产生的主要来源,长期从事图文打印、复印工作的人员易暴露在臭氧污染的环境中。

6. 晴空万里是否就没有臭氧污染

臭氧的生成是光化学反应的过程,需要强烈的光照。因此,臭氧污染多发生在天气晴朗、日照充足、气温高的夏秋季节,所以,晴空万里并不意味着没有臭氧污染。

二、臭氧的污染、来源与成因

7. 近地面臭氧是如何形成的

近地面臭氧是典型的二次污染物,是由空气中的氮氧化物(NO_x)和挥发性有机物(VOCs)等气体,在紫外线照射或高温条件下,经过一系列复杂的光化学反应生成的污染物。因此,臭氧的形成过程主要为二氧化氮在紫外线作用下发生光解,产生一氧化氮和一个原子氧。但这个原子氧很不稳定,快速和空气中20%左右的氧气生成臭氧,生成的臭氧立即与一氧化氮作用,将其再氧化为二氧化氮,回到原点。而大气中存在的挥发性有机物在太阳紫外线的作用下,促进大气中自由基的产生,自由基的产生代替了臭氧,使一氧化氮转变为二氧化氮,这样二次污染物臭氧不再消耗,而越积越多。这个过程还可以产生一些其他的氧化物质和颗粒物(包括细颗粒和超细颗粒),这种混合物称为光化学烟雾。臭氧是光化学烟雾的主要成分。

8. 什么是光化学污染

光化学污染是指光化学烟雾造成的污染。光化学烟雾,主要是由于汽车尾气和工业废气中的烯烃类碳氢化合物和二氧化氮被排放到大气中,在强烈阳光紫外线照射下,吸收太阳光的能量,产生大量的臭氧、醛类和其他一些复杂的有毒物质,它们混合在一起,形成一种浅蓝色烟雾,这种反应被称为光化学反应,其产物就是有剧毒的光化学烟雾。这种光化学烟雾可随气流飘逸数百公里,使远离城市的农村庄稼也受到损害,最明显的危害是对人眼的刺激作用,出现眼睛流泪、发红,也能使植物叶片受害变黄以致枯死,并降低大气能见度,污染街道,腐蚀设备及衣物。控制反应活性高的有机物的排放可有效阻止光化学污染。

产生臭氧的光化学反应涉及数千个物质、两万多个反应,详细内容见延伸阅读附件 2。

9. 什么是臭氧的前体物质

臭氧的前体物质是指在空气中经过一系列反应后可以产生臭氧,导致臭氧浓度增加的物质,由加州理工学院的化学家 Arie Haagen-Smit 等,于 1952 年在洛杉矶光化学烟雾污染的研究中提出。目前,公认的臭氧前体物质为氮氧化物和挥发性有机物。

氮氧化物是指含氮的一类化合物,挥发性有机物通常是指在标准压力 101.3kPa 下初沸点小于或等于 250℃的全部有机化合物。详细内容见延伸阅读附件 3 和附件 4。

10. 历史上典型的臭氧污染事件

臭氧主要参与光化学烟雾事件,光化学烟雾主要成分有臭氧、醛类以及各种过氧酰基硝酸酯。光化学烟雾最早出现在美国洛杉矶,先后于 1943 年、1946 年、1954 年和 1955 年在当地发生光化学烟雾事件。特别是在 1955 年持续 1 周多的光化学烟雾事件期间,气温高达 37.8℃,哮喘和支气管炎发病率增加,65 岁及以上人群的死亡率升高,平均每日死亡 70～317 人。

我国有一次典型的臭氧大范围污染事件。2019 年 9 月 23 日开始,华北平原和珠三角地区出现了臭氧浓度超标的现象,9 月 24 日超标范围扩大到山东半岛、华中、东部沿海和广西壮族自治区,且华北、山东半岛和珠三角部分区域臭氧污染达到中度污染以上。9 月 25—27 日臭氧污染区域进一步扩大、向内陆延伸,直至 9 月 29 日形成了北起沈阳、南至海口、东起宁波、西至重庆的臭氧污染带,覆盖近 320 万平方公里国土面积,污染带内臭氧平均浓度超过 200μg/m³。此次臭氧污染事件的时空跨度超过以往的颗粒物污染,标志着我国大气污染防治进入新的阶段。

11. 我国近年臭氧污染的状况及变化

我国大气臭氧污染现状日趋严峻,臭氧是近年来空气质量评价 6 种参数中唯一持续上升的污染物。2014—2019 年,我国 74 个城市臭氧浓度年平均值上升了 28.8%,且呈逐年上升趋势,而其他 5 种污染物(PM$_{2.5}$、PM$_{10}$、CO、NO$_2$ 和 SO$_2$)均呈现下降趋势。

值得注意的是,从 2017 年起,74 个重点城市臭氧的年平均浓度超过了我国《环境空气质量标准》(GB 3095—2012)二级标准限值(160 μg/m^3)。至 2019 年,年平均浓度达到了 179 μg/m^3。2019 年,全国 337 个地级及以上城市臭氧年均浓度为 148 μg/m^3,与 2018 年相比上升了 6.5%(图 1),以臭氧为首要污染物的超标天数占总超标天数的 41.8%,臭氧已成为我国部分城市空气质量不达标的首要因素。

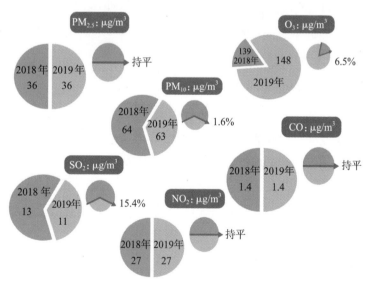

图 1　中国 2018—2019 年大气污染物年均浓度对比

我国大气臭氧污染存在以下特点:不同地区污染程度不同,高污染区主要集中在京津冀、汾渭平原、珠三角、长三角和成渝地区,污染影响范围逐年扩大;不同地区污染季节不同,夏季较高,冬季较低;同一天中,下午的臭氧浓度最高。

12. 近年臭氧污染严重的主要原因

近年来,我国处于工业迅速发展期,工业臭氧前体物排放的增加,以及机动车辆的增加都促使近地面臭氧污染的发生。另外,随着大气细颗粒物(PM$_{2.5}$)治理力度加大,PM$_{2.5}$浓度降低,导致空气中紫外线辐射增强,加剧臭氧污染。所以,PM$_{2.5}$的防控措施导致污染源结果产生变化,可能是我国近年来臭氧污染严重的重要原因。

13. 气象条件对臭氧污染的影响

气象条件对臭氧的浓度影响很大,是造成臭氧浓度昼夜变化、季节变化、年际变化的主要原因。近地面臭氧的形成与光照、气温等因素密切相关,晴朗的天气、紫外线强度高、温度高、湿度低的条件利于形成臭氧,而刮风、环状气流也会影响臭氧的浓度。春季和秋季,我国北方城市臭氧浓度主要受温度的影响,而南方湿热,南方城市臭氧浓度主要受温度和湿度的影响;夏季,臭氧浓度主要受太阳辐射和温度的影响;冬季,由于温度低,臭氧浓度受温度影响的城市减少,与受湿度影响的城市数量接近。

14. 共存大气污染物对臭氧污染的影响

颗粒物和臭氧属于不同类型的大气污染物,但与臭氧的生成存在着复杂的联系,二者有共同的前体物质——氮氧化物和挥发性有机物,同根同源,一体两面,在大气中通过多种途径相互影响。同时,颗粒物可以通过散射或吸收太阳辐射改变光解速率和颗粒物表面非均相化学反应两种途径来影响臭氧的浓度变化。

15. 室外臭氧污染的来源是什么

人为来源是臭氧污染的重要来源。交通工具废气排放是最重要的污染来源,汽车尾气中含有氮氧化物和挥发性有机物等大量臭氧前体物;其次,石油冶炼、材料合成等石油化工产业,以及燃料使用和加油站的挥发泄漏、燃油及燃煤等火力发电、供暖以及印刷喷涂等行业,都贡献了大量的氮氧化物和挥发性有机物。

自然来源的挥发性有机物和氮氧化物经光化学反应生成的臭氧,是天然臭氧的来源。在一定大气条件或特殊地形地势下,平流层和对流层温度梯度遭到破坏,平流层的臭氧输送到对流层,导致局部地区臭氧浓度升高。另外,雷电等自然现象也会产生臭氧。

16. 近地面臭氧最终去了哪里

一方面,臭氧浓度高时可以通过扩散降低局部浓度;另一方面,臭氧并不稳定,随着温度的降低和前体物的减少,臭氧可以降解成氧气,或者和其他易于氧化的物质如氮氧化物发生反应,生成稳定的硝酸和亚硝酸。

17. 一天中室外臭氧浓度的分布特征

臭氧会随温度、机动车排放量等变化而变化。早晨温度低,机动车排放较少,臭氧浓度低。随着温度的升高和道路上机动车的增加,尤其是晴朗的夏天,高温加上机动车的增加可使臭氧浓度迅速升高,大部分地区 14:00—16:00 臭氧浓度达到最高值。随着温度的降低和道路上机动车的减少,臭氧浓度在夜间也会随之降低。

18. 室内臭氧污染的来源是什么

室内臭氧的来源主要有两方面,一是室外扩散进入,二是室内电器设备的使用。日常生活中,住宅、办公室等室内活动场所,电影放映机、电视机、复印机、激光印刷机、负离子发生器、电子消毒柜、歌舞厅的黑灯、家庭臭氧消毒器、激光打印机、复印机、静电除尘器、采用静电除尘原理的空气净化器或新风系统、果蔬清洗机、鞋子消毒器等电器设备的使用,也会通过电离、光化学或紫外线照射等方式产生大量臭氧。

另外,室内的一些其他污染物可与臭氧发生反应,加剧其健康危害。一些木材如雪松板和柏木板,会释放 α- 蒎烯和 d- 柠檬油精等不饱和烃,与臭氧接触可快速发生反应,释放大量固体小颗粒,同时也释放出庚烷、壬烷、壬醛、癸醛等中间产物,导致总挥发性有机物的增加。打蜡后的地板和塑料瓦,因表面石蜡与臭氧的反应,会产生大量粒径小于 $0.3\,\mu m$ 颗粒物,释放醛类、酮类等物质。某些市售木地板虽然在常规测试中甲醛释放量很低,但若室内环境中存在臭氧,则可增加甲醛、乙醛、乙酸、苯甲醚、丁烷等的释放速率,其中甲醛的释放速率可由 $2\,\mu g/(m^3 \cdot h)$ 增加到 $287\,\mu g/(m^3 \cdot h)$。地毯、墙纸、松木板等装饰品含有较多孔隙,臭氧易聚集于其中,导致臭氧局部浓度升高,加快甲醛、乙醛的释放速率。

19. 室内外臭氧浓度的影响因素

室外臭氧主要来源于机动车尾气和工业排放,受 $PM_{2.5}$、温度、前体物浓度和比例等影响较大。室内臭氧不仅受到室外臭氧的影响,还受到室内人为因素如门窗开关、使用可产生臭氧的仪器设备等的影响。人的大部分时间在室内度过,因此更应该注意室内臭氧的危害。

20. 臭氧污染时,室内空气质量是否比室外空气质量好

不一定。臭氧污染时,如果没有专业除臭氧的设

备,室内臭氧的浓度不会低于室外。而且,如果室内有产生臭氧的仪器如打印机、臭氧消毒柜等使用时,室内臭氧浓度可能比室外浓度更高。

三、臭氧在各行业领域的应用

21. 臭氧在食品加工车间与设备中的应用

食品生产加工车间、包装间都有较高的卫生要求，特别是生鲜食品，由于最终没有加热消毒工序，生产车间的微生物污染是影响食品质量的重要因素。以往，食品加工企业多使用紫外线对厂房及食品进行灭菌，紫外线以光波辐射作用灭菌，只有能照射到的位置且照射强度足够时才有灭菌效果。因此，使用紫外线灭菌易产生消杀死角。此外，紫外线灭菌还易受到湿度的影响，当室内相对湿度大于 60% 时，其灭菌效果急剧下降。臭氧为气体，扩散性好，适用于空间灭菌，另外臭氧在消杀后转化为氧气，无有害残留物、无二次污染。正因如此，臭氧以其在灭菌过程中的特有优势，逐步取代传统灭菌方式。臭氧水还可用于食品厂内的管路、生产设备及盛装容器的浸泡和冲洗，从而达到消毒灭菌的效果。

22. 臭氧在食品贮存与运输中的应用

在食品行业中，臭氧目前被应用的最大领域为食品贮存与运输环节。臭氧对冷库中的蔬果、海鲜、肉类、鸡蛋等食品的贮存起到灭菌、防霉、保鲜的作用。虽然食品冷库内的低温可能会使有些细菌死亡，但有些致病菌对低温有极大的抵抗力，一旦温度回升，这些细菌就会"复苏"。尤其是冷却间及冷藏间，由于其温度适合嗜低温性细菌、霉菌及酵母菌的生长，会使贮存于内的食品大量损坏变质。使用臭氧会取得满意的灭菌效果。臭氧杀灭细菌、霉菌类微生物的机制为作用于细胞膜，使细胞膜的构成受到损伤，从而导致其新陈代谢障碍并抑制生长。臭氧杀灭病毒的机制则是通过直接破坏其核糖核酸（RNA）或脱氧核糖核酸（DNA）。因此，臭氧对细菌、霉菌、病毒等微生物具有极强的杀灭力。此外，臭氧也应用于蔬菜水果的贮藏、运输，除了具有杀灭或抑制霉菌生长、防止腐烂作用之外，还具有防止果蔬老化的保鲜作用。其作用机制是臭氧可以氧化分解果蔬呼吸出的催熟剂——乙烯气体。因此，利用臭氧技术可以大大延长果蔬的保鲜、贮存时间，扩大其外运范围。

23. 臭氧在饮用水消杀中的应用

目前，臭氧被广泛应用于饮用水的灭菌净化中。在欧美等发达国家，饮用水的生产、包装工序中，主要使用臭氧进行灭菌。现有数据显示，发达国家约 80% 的水处理厂使用臭氧净水，而我国目前约 40% 的饮用水厂使用臭氧消杀水体。与其他净水方式相比，臭氧的氧化性更强，能去除水中更多细菌和污染物质，并且无有害残留物、无二次污染、不产生异味、不影响水质的口感。目前,"南水北调"中入京的"南水"经过6～8小时加工后进入千家万户。其中会用到臭氧-活性炭深度处理工艺对"南水"进行净化与消毒。瓶装饮用水、饮料的保质期取决于微生物的杀灭效果。仅用超滤和紫外消毒的工艺很难将水中微生物彻底消杀。当使用臭氧后,既可完全杀灭微生物,又可去除水中铁、锰等可溶性盐类。值得注意的是,如果水中原本的溴含量较高且臭氧用量不当,会生成消杀副产物溴酸盐。溴酸盐是 2B 类致癌物。目前,我国包装饮用水要求溴酸盐限值为 0.01mg/L,与美国标准持平。

24. 臭氧可去除农药残留、激素等

目前,食堂或家庭使用的果蔬食品消毒机是利用臭氧的特性与性能而开发研制的一种设备。该设备可在短时间内产生高浓度臭氧水,利用设备产生的涡流和臭氧分解成为氧气过程中产生的气泡彻底清洗食品,从而达到杀灭细菌、去除农药残留等作用。臭氧通过水介质能有效地降低食物中农药、化肥和生物激素残留及杀灭各种细菌、病毒,降低其对人体的健康危害。实验表明,果蔬食品消毒机产生的臭氧水浸泡蔬菜、水果 10 分钟,可去除 95% 以上的果蔬类农药残留。同时,臭氧水浸泡生肉、冻鱼、冻虾等,可杀灭屠宰、运输过程中携带的有害病菌,降解饲养过程中吸收的生物激素、抗生素等对人体有害的物质,还可去除腥味。

25. 臭氧在污水处理中的应用

臭氧可用于城市污水、工业污水等处理工艺中,起到杀菌、除臭、去污、分解化学污染物等作用。臭氧处理废水作为有效的废水深度处理手段之一,具有氧化能力强、反应速度快、使用方便的优势。臭氧在处理生活污水时,其主要作用是消毒并降低生化需氧量(BOD)和化学需氧量(COD),且有很强的漂白作用,可以明显降低生活污水的色度。在处理工业废水方面,臭氧可分解工业废水中的有机化合物。由于对各种有机物的作用范围较广,可有效降低废水中的化学需氧

量和总有机碳（TOC）。臭氧可去除农药废水中的有机磷、有机氮化合物；可有效去除印染废水的色度和浑浊度；可将造纸废水中的木质素氧化，使其易被降解。此外，臭氧既可以杀灭水中的藻类，又能起到阻垢和缓蚀作用。经臭氧处理后的废水，既不增加可溶性固体，也不产生二次污染。

26. 臭氧在废气处理中的应用

臭氧技术因可实现烟气中多种污染物协同脱除而具有明显优势，近年来已成为国内外烟气综合治理领域的研究热点。燃煤锅炉烟气中的氮氧化物排放，其中难溶于水的一氧化氮占 90% 以上，而二氧化氮、五氧化二氮等皆溶于水。因此，若对烟气中大量的一氧化氮进行氧化，则可实现在脱硫塔中与二氧化硫的协同脱除。近年来，随着有机废气治理行业的兴起，臭氧的应用越来越广泛。臭氧催化法是通过臭氧与催化填料多相混合后与废气发生氧化还原反应。该工艺流程有液相、气相等多项氧化催化方式。整个工艺在特制的密闭腔内发生氧化还原、催化反应，整个反应过程安全无害，反应后的最终产物为水和二氧化碳等无异味物质。系统操作简单、快捷且可智能控制。臭氧催化法的运行维护方便，且耗能低、无耗材、寿命长，催化填料为永久性催化填料，运行费用低，维护便捷。

27. 臭氧在医院空气消毒中的应用

臭氧是一种广谱杀菌剂,可杀灭细菌、芽孢、病毒和真菌等,由于其气体的特性,可深入到房间空间各处、物体腔体或拐角处进行灭菌且不存在任何有毒残留物。当用于手术室、病房的空气消毒时,通常使用 $20mg/m^3$ 的高浓度臭氧作用 30 分钟,对自然菌的杀灭率可达到 90% 以上,对金黄色葡萄球菌、芽孢等杀灭率高于 99%。影响臭氧杀菌效果的环境因素主要是温度和湿度。一般情况下,温度低、湿度大则杀灭效果好,尤其是湿度条件。相对湿度 ≤ 45%,臭氧对空气中悬浮微生物几乎没有杀灭作用;相对湿度 > 70%,杀灭效果才能真正体现出来。这是由于相对湿度提高,可以使细胞膨胀,细胞壁变薄,使之更容易受到臭氧的渗透溶解。此外,医疗器械也可在臭氧消毒柜中进行灭菌消毒。臭氧对所消毒物品,如器皿、手术器具等不会有任何残留物,无需再清洗浸泡,而且对原有物品的理化性质影响较小。另外,臭氧对物品消毒是在常温、常湿下进行,较之高温高压的灭菌操作更为简便、快捷。

28. 臭氧在治疗疾病中的应用

臭氧具有杀菌、消炎、镇痛、活化细胞、促进新陈代谢等功效。目前医用臭氧在临床上可以广泛治疗内、外、妇、儿、口腔等诸多疾患,并取得了很好的治疗效果。如臭氧对烫伤的辅助治疗,烫伤处使用局部的臭氧气态套袋疗法,并配合臭氧水局部清创,发挥了臭氧的广谱抗菌、抗炎、止痛功效。另外,臭氧也应用在妇科炎症治疗领域。臭氧医治妇科类炎症是无菌医治和无痛疗法的完美结合。一般使用医疗臭氧发生器制取一定浓度的臭氧,使之作用于患处,从而达到治疗炎症的目的。

29. 臭氧在水产养殖中的应用

臭氧是水产养殖、育苗生产中最理想的杀菌剂。应用臭氧技术净化育苗水源,可起到杀菌消毒、分解水中污染物的作用,同时可增加水体氧气含量,且不会造成水体的二次污染。对防止鱼、虾、河蟹、甲鱼等生物病害,改善水产养殖的生态环境有重要的意义。通过臭氧杀菌装置可对生物卵消毒、养殖水杀菌、设备设施消毒;并可以防止病原体侵入,同时改变了幼苗肠道微生态环境,使幼苗肠道内寄生菌数量减少,从而达到减少幼苗营养消耗的目的。同时,使有益菌分泌的淀粉酶活性增强,提高了幼苗对食物营养成分的利用率。臭氧在水产业的使用,可提高育苗成活率,促进生长,提高产量,同时避免水质恶化和池底污染。

30. 臭氧在禽类养殖中的应用

应用臭氧技术进行杀菌、消毒,是现代禽类养殖场普遍采用的。养殖场主要在两方面应用臭氧,一是利用臭氧对养殖舍内空气杀菌、消毒;二是定时喂食臭氧水,能有效预防如鸡白痢等肠道疾病。在禽舍内使用臭氧,首先可对禽类排泄物所散发的臭味进行分解,起到除臭作用;另外舍内的各种禽类致病菌也随之被消杀。给禽类饮用臭氧水,可改变禽类肠道微生物环境,提高禽类尤其是幼禽对饲料营养的利用率,促进禽类健康生长。

31. 臭氧在农业种植中的应用

目前臭氧在国内农业上比较常见的应用是温室大棚的农作物种植。臭氧常用于以下几个方面:一是使用低浓度臭氧水浸泡种子,可杀灭种子表面的病毒、病菌及虫卵,另外低浓度臭氧的处理可以促进种子发芽;二是臭氧气体用于棚内植物,能有效防治棚中番茄、香瓜、黄瓜的霜霉病、灰霉病等,并能去除茄子、蘑菇类、盆花等的霉杂菌及蚜虫,还有促进生长之效果;三是用臭氧发生器制成臭氧水,用于大棚滴灌,可驱除营养液中藻类,也可用于营养液中病害的杀灭;四是使用臭氧水对农作物进行喷淋、滴灌等达到对病虫害、致病菌的预防、治疗,从而减少农药的使用。

四、保护地球生命的平流层臭氧

32. 臭氧层滤掉了哪些波长的紫外线

太阳光散发的紫外线分为短波紫外线（UV-C，波长 100～280nm）、中波紫外线（UV-B，波长 280～315nm）和长波紫外线（UV-A，波长 315～400nm）。其中，UV-C 对人体的伤害很大，短时间照射会灼伤皮肤，长时间照射会导致皮肤癌。平流层臭氧几乎能够吸收所有的短波紫外线以及 98% 以上的中波紫外线，只有 UV-A 和不足 2% 的 UV-B 能够辐射到地面（图 2）。

图 2　臭氧层对太阳紫外线的吸收

33. 平流层臭氧减少会增加白内障的疾病负担

紫外线会损伤角膜和晶状体,引起白内障、眼球晶状体变形等。研究表明,平流层臭氧减少 1%,地面受到太阳紫外线的辐射量就会增加 2%,全球白内障的发病率将增加 0.6%～0.8%,由于白内障而引起失明的人数将增加 10 000～15 000 人。如果不采取相应的措施,截至 2075 年,UV-B 辐射的增加将导致大约 1 800 万例白内障病例的发生。

34. 平流层臭氧减少会影响动植物的生长

紫外线会严重阻碍植物的正常生长。在科学家研究过的植物品种中,超过 50% 的植物会受到 UV-B 辐射的影响而降低质量,如豆类、瓜类等作物,还有土豆、番茄、甜菜等蔬菜。此外,人类需要的动物蛋白质有 30% 以上来自海洋生物,在许多国家尤其是发展中国家,这一比例往往还要更高。强烈的紫外线还会影响鱼虾类和其他水生生物的正常生存,甚至造成某些生物灭绝。

35. 平流层臭氧对材料的保护

平流层臭氧损耗导致阳光紫外线辐射增加,会加速建筑、喷涂、包装及电线电缆等所用材料,尤其是高分子材料的降解、老化变质、变色及机械完整性的损失,限制了它们的使用寿命。特别是在高温和阳光充足的热带地区,这种破坏作用更为严重。由于这一破坏作用造成的经济损失全球每年估计达到数十亿美元。

36. 平流层臭氧对空气质量的影响

平流层臭氧的减少会使对流层 UV-B 辐射增加，导致对流层的大气化学反应更加活跃。在氮氧化物浓度较高的地区，UV-B 的增加会促进对流层臭氧和其他相关氧化剂如过氧化氢（H_2O_2）等的生成，使得一些城市地区臭氧超标率大大增加。UV-B 的增加会提高对流层中一些控制大气化学反应活性的重要微量气体的光解速率，导致大气中重要自由基浓度如羟基（-OH）的增加，大气氧化能力增强。对流层反应活性的增加还会导致氧化和凝聚等反应形成二次颗粒物。

37. 国际臭氧层保护日的确定

为了避免臭氧层继续遭受破坏，1994 年第 52 次联合国大会上，把每年的 9 月 16 日定为国际臭氧层保护日，以此提高人们对臭氧层的认识，呼吁全人类共同保护。

38.《关于保护臭氧层的维也纳公约》

1985 年 3 月，联合国环境规划署（UNEP）在奥地利首都维也纳举行了有 21 个国家政府代表参加的"保护臭氧层外交大会"。会上通过了《关于保护臭氧层的维也纳公约》（以下简称《维也纳公约》），标志着保护臭氧层国际统一行动的开始。截至 2005 年 3 月 16

日，加入《维也纳公约》的国家有 190 个。我国政府于
1989 年 9 月 11 日正式加入《维也纳公约》，并于 1989
年 12 月 10 日生效。

保护臭氧层的《维也纳公约》是第一个抢在问题
发生之前的国际环境协定，是第一项全球性大气保护
公约，是国际社会对臭氧层破坏问题做出立法努力的
第一步，它为全球多边努力以保护环境和公众健康免
受臭氧层破坏的有害后果提供了重要基础。虽然《维
也纳公约》主要规定在研究和资料交换方面进行国际
合作，没有任何实质性的控制协议，但它为协商和具体
拟定臭氧层保护所必需的更为严格的控制措施提出了
框架。

《关于保护臭氧层的维也纳公约》内容见延伸阅
读附件 5。

39.《关于消耗臭氧层物质的蒙特利尔议定书》

1987 年 9 月，由联合国环境规划署组织的"保护
臭氧层公约关于含氯氟烃议定书全权代表大会"在加
拿大蒙特利尔市召开。9 月 16 日，24 个国家签署了《关
于消耗臭氧层物质的蒙特利尔议定书》(以下简称《议
定书》)，自 1989 年 1 月 1 日开始生效。中国政府认为，
《议定书》虽然明确了受控物质的种类、控制时间表以
及有关措施，并提出发展中国家受控时间表应比发达
国家相应延迟 10 年，但没有体现出发达国家是排放氯
氟烃、造成臭氧层耗减的主要责任者，对发展中国家提

出的要求不公平，因此当时没有签订这个议定书。

1989年5月，在赫尔辛基召开缔约方第1次会议之后，UNEP开始了《议定书》修正工作。1990年6月，在伦敦召开的缔约方第2次会议通过了《议定书》修正案。由于修正案基本上反映了发展中国家的意愿，包括印度、中国在内的许多发展中国家，都纷纷表示将加入修正后的《议定书》。此修正案提出，为实施《议定书》建立一个多边基金，接受发达国家的捐款，并向发展中国家提供资金和技术援助。同时"考虑到技术和经济方面，并铭记发展中国家的发展需要"，因此，要求发达国家和发展中国家淘汰消耗臭氧层物质的时间有所不同。对发展中国家缔约方来说，在必须实施淘汰时间表之前有一个宽限期。这反映出发达国家认识到他们对排放到大气中的大量物质负有责任，对使用替代品有更多的经济和技术来源。1991年6月，在缔约方第3次会议上，中国代表团宣布中国政府正式加入修正后的《议定书》，自1992年8月10日起对中国生效。

《议定书》至今已经过4次修正和2次调整：1990年6月第2次缔约方会议上形成的《伦敦修正案》、1992年11月第4次缔约方会议上形成的《哥本哈根修正案》、1997年9月第9次缔约方会议上形成的《蒙特利尔修正案》、1999年11月第11次缔约方会议上形成的《北京修正案》，以及1995年12月第7次缔约方会议上形成的《维也纳调整案》和1997年9月第9次缔约方会议上形成的《蒙特利尔调整案》。在若干修正案与调整案之中,对发展中国家具有最重要意义的当属《伦敦修正案》。《议定书》及不同的修正案中规定了相关的受控物质和淘汰时间表,只有批准加入某修正案的国家才履行该修正案提出的受控义务。截至2005年3月16日,加入的国家有189个。对于保护臭氧层,《议定书》是迄今人类最为成功的全球性合作。

《关于消耗臭氧层物质的蒙特利尔议定书》的内容见延伸阅读附件6。

40. 我国履行国际公约的国家方案

中国政府1991年签订了《蒙特利尔议定书》后,于1992年制定了《中国逐步淘汰消耗臭氧层物质国家方案》(以下简称《国家方案》),1993年年初得到国务院与多边基金执委会的批准,同年,由国务院批准实施,1999年进行了更新。

为适应国际、国内保护臭氧层工作形势的变化,履行《关于消耗臭氧层物质的蒙特利尔议定书》,更好地指导我国今后淘汰消耗臭氧层物质的工作,及时获得多边基金执委会提供的资金和技术援助,原国家环保总局从1997年1月开始组织对《国家方案》重点修订,修订工作着重在淘汰消耗臭氧层物质阶段控制目标和相应的淘汰步骤、行业的替代技术、淘汰战略、核算中国今后消耗臭氧层物质生产和消费淘汰费用、确保消耗臭氧层物质淘汰实现的政策法规体系、监督管理机制等方面。《国家方案》及其修订是中国政府贯彻执行环境保护基本国策、切实履行《蒙特利尔议定书》规定的各项义务的决心和信心的体现。《中国逐步淘汰消耗臭氧层物质的国家方案（修订稿）》于 1999 年 11 月 15 日由国务院正式批准实施。

《中国逐步淘汰消耗臭氧层物质的国家方案》的基本内容见延伸阅读附件 7。

41. 我国制定《消耗臭氧层物质管理条例（草案）》

为了保护臭氧层和生态环境，保障人民群众身体健康，更好地履行国际义务，节约能源和减少温室气体排放，我国根据《中华人民共和国大气污染防治法》制定了《消耗臭氧层物质管理条例（草案）》。草案明确了国家管理消耗臭氧层物质的目标任务，建立了消耗臭氧层物质总量控制和配额管理制度，规定了违法生产、使用和进出口消耗臭氧层物质等行为的法律责任。该草案于 2010 年 3 月 24 日国务院常务会议原则性通过，2010 年 6 月 1 日生效。

《消耗臭氧层物质管理条例（草案）》的内容见延伸阅读附件 8。

42. 我国关于严格控制新建、改建、扩建含氢氯氟烃生产项目的通知

根据《蒙特利尔议定书》及其有关修正案，为逐步削减含氢氯氟烃生产和使用，防止盲目新、改、扩建含

氢氯氟烃生产装置造成国家和企业的经济损失,原国家环境保护部制定了《关于严格控制新建、改建、扩建含氢氯氟烃生产项目的通知》,其主要内容见延伸阅读附件9。

43. 我国有关豁免用途氯氟烃的相关管理规定

(1)氯氟烃是怎么产生的

氯氟烃在日常生活中主要来自使用氟利昂的空调和冰箱的制冷剂,以及含有氯氟烃的发泡剂、喷雾剂,如给头发定型用的摩丝等。在工业生产中,氯氟烃是由工业合成的制冷剂、树脂发泡剂及气体喷射剂产生的。近来的研究结果表明,在火山喷气孔、熔岩气、燃煤过程中也产生氯氟烃。

(2)为什么要禁止氯氟烃

过去生产的冰箱所用的制冷剂和发泡剂是氯氟烃,氯氟烃被释放后,上升到平流层,经阳光中紫外线照射、分解并释放出氯原子,与臭氧层中的臭氧发生链式反应。一个氯氟烃分子分解出的氯原子可以连续消耗数万个臭氧分子,臭氧层像一把保护伞,使地球上的生命免受阳光中有害紫外线的照射。氯氟烃类物质不仅破坏臭氧层,而且还有很高的"温室效应"。因此,禁止使用氟利昂作为冰箱、空调器的制冷剂,是关系到人类存亡的重大问题。

(3)关于禁止全氯氟烃物质生产的公告的制定

为履行《维也纳公约》和《蒙特利尔议定书》(伦敦

修正案），保护环境，根据《中华人民共和国大气污染防治法》和《中国消耗臭氧层物质逐步淘汰国家方案（修订稿）》的有关规定，按照我国政府与联合国多边基金执委会签署的《中国化工行业全氯氟烃生产整体淘汰计划》和《中国全氯氟烃和哈龙加速淘汰计划》的有关要求，国家环境保护总局于 2007 年制定了《关于禁止全氯氟烃（CFCs）物质生产的公告》（国家环境保护总局公告 2007 年第 43 号）。

《关于禁止全氯氟烃（CFCs）物质生产的公告》内容见延伸阅读附件 10。

44. 保护臭氧层的相关技术措施

（1）含氯氟烃、冷媒及灭火器的替代品有哪些

冷媒、喷雾推进剂、发泡剂为现代生活的必需品，仍需持续使用，因此，找寻氯氟烃的替代品是当务之急。目前已有使用丁烷、液化石油气和异丙醇等取代氯氟烃类物质作为喷雾推进剂，也发展出 CFC123 和 CFC134a 等对臭氧层破坏轻微的化合物，取代 CFC11 和 CFC12 作为冷媒和发泡剂等。

（2）含有甲基溴杀虫剂的替代品有哪些

1）甲基溴的替代品

目前甲基溴杀虫剂的替代产品主要有硫酰氟、二氯丙烯、氯化苦、碘甲烷、二甲基二硫化物、乙二腈、炔丙基溴、硫线磷 30% 颗粒剂。为了防治土壤中的有害物质，国内外采取了各种技术以替代溴甲烷的土壤消

毒,比如轮作对另一作物具有抑制作用的其他作物,或由就近的农户和农场进行交换耕作;进行无土栽培和植物生长基质,利用无土栽培技术可以有效防治土壤病虫和杂草的危害。

2)溴甲烷替代工作的展望

虽然溴甲烷替代物与替代技术的开发已取得了显著进展,但农业环境多种多样,目前仍在被单独或与三氯硝基甲烷混合用于种植前土壤消毒。为此,仍需继续开发和改进非化学和化学方法,进一步对研究和技术转让进行投资,尽快获得优良的取代溴甲烷的替代物与替代技术,以便在所有国家有效实施替代溴甲烷治理土壤病虫害管理系统。

(3)如何收集废旧家用电器处置中的氯氟烃

电子产品的清洗溶剂,改用各种水溶液代替,目前被大量用于取代氯氟烃及哈龙的替代品是氢氟碳化物(HFCs)等物质。家里的废旧电器,在处理之前应交由专业的废旧物品处理机构去除内含的氯氟化碳和氯氟烃物质,或进行废物再利用,确保废旧电器中的氯氟烃不会释放到空气中。

五、臭氧的危害

45. 臭氧在人体的吸收和代谢

人体可通过呼吸道吸入、皮肤接触等途径暴露于臭氧中，而呼吸道吸入臭氧是人体最主要的暴露途径。因为鼻黏膜、鼻毛等屏障的存在，鼻腔呼吸去除臭氧的能力高于口腔。因此，从事剧烈体力活动的人，臭氧渗透到其肺部的程度要比正常运动强度的人高出很多。进入肺部的臭氧在呼吸道内被反应消耗，目前尚无臭氧分子渗透气道上皮细胞进入人体体内的证据。呼吸道上皮中含有多种参与氧化还原反应的物质，如维生素 C、尿酸、谷胱甘肽、蛋白质和不饱和脂质等，这些物质与臭氧反应，可以有效地保护呼吸道上皮细胞免于臭氧的氧化损害。

46. 不同人群对臭氧的反应

臭氧对人体健康的危害主要是强烈刺激眼睛、呼吸道，造成肺功能改变，引起气道反应、气道炎症增加和哮喘加重等。个体对不同浓度的臭氧反应不同，其原因在很大程度上仍无法解释，但一部分可能是遗传差异。儿童、妇女、老年人，以及肺部疾病患者(如慢性支气管炎、哮喘或肺气肿等）是臭氧暴露健康危害的易感人群。

患有肺部疾病（如慢性支气管炎、哮喘或肺气肿等）的个体，因肺部组织结构的改变，呼吸时气流分配不均匀，其呼吸系统臭氧反应吸收的速率与正常个体间可能存在差异。年龄和性别也会影响臭氧的吸收效率，儿童的臭氧吸收效率高于成人，女性的臭氧吸收效率高于男性。一个健康年轻人在户外进行 2 小时足球、篮球比赛等运动，暴露臭氧浓度在 $240\,\mu g/m^3$ 情况下，运动结束后预计会经历轻到中度的肺功能变化以及肺损伤和炎症。如果同样的年轻人在户外休息 2 小时，接触臭氧量达到 $600\,\mu g/m^3$ 之前，这种影响是不会出现的。如暴露在 $800\,\mu g/m^3$ 臭氧中 2 小时，包括 1 小时剧烈运动，对臭氧不敏感的个体可能不出现症状或肺功能改变，而反应最敏感的个体可能出现肺功能指标降低，如做最大深吸气后再做最大呼气的动作，最大呼气后第一秒呼出的气量容积（一秒用力呼气容积，FEV1）有可能降低 50%，并可能出现咳嗽、气短或肺深部的疼痛感。

47. 臭氧与免疫反应

人体暴露于臭氧，会引起肺组织内的免疫反应发生变化，从而导致先天性和适应性免疫反应的破坏。除了改变肺上皮细胞的保护功能外，这些免疫反应和相关炎症反应的变化可能是暴露于地面臭氧污染后导致肺部感染风险增加、引发哮喘和反应性气道恶化的因素。

适应性免疫系统通过针对特定病原体的抗体提供长期的保护,同时也受到高浓度臭氧暴露的影响。淋巴细胞是适应性免疫反应的细胞组成部分,暴露于臭氧之后会产生大量的称为"细胞因子"的炎症化学物质,可能与气道高反应性和哮喘症状恶化有关。

48. 臭氧与炎症反应

臭氧吸入后,会对肺部和整个呼吸系统产生直接影响。吸入人体呼吸道的臭氧与呼吸道上皮细胞衬液中的蛋白质、脂质、抗氧化剂等物质反应,生成一系列的二级氧化产物,介导后续的炎症反应、呼吸道上皮屏障功能的改变、气道高反应性、气道重塑和肺功能改变等。

臭氧对肺部损伤的病理学机制中,巨噬细胞和中性粒细胞都起到了很重要的作用,这些细胞暴露于臭氧,其功能会发生变化。通过"吞噬"过程消除病原体或异物的巨噬细胞,由于臭氧的影响,会改变其释放炎症信号的水平,要么上调,导致肺部炎症反应,或者降低免疫保护。中性粒细胞是先天免疫系统的另一种重要细胞类型,主要针对细菌病原体,在暴露于高浓度臭氧水平下 6 小时内就会出现在呼吸道中。尽管肺组织中的含量很高,但由于受到臭氧的影响,它们清除细菌的能力受损。

49. 臭氧对眼睛的影响

臭氧具有一定的氧化作用,人眼睛接触臭氧时,会产生强烈的局部刺激。干眼症是指任何原因造成的泪液质或量异常或动力学异常,导致泪膜稳定性下降,并伴有眼部不适和/或眼表组织病变特征的多种疾病的总称,又称角结膜干燥症。干眼症是一种多因素引起的眼部疾病,常见症状包括眼睛干涩、容易疲倦、眼痒、有异物感、痛灼热感、分泌物黏稠、怕风、畏光、对外界刺激敏感等。有报道显示,臭氧水平升高与干眼症的症状和诊断情况有一定的相关性,如果短期内臭氧浓度增加,会导致干眼症患者的眼部不适感增加,泪液分泌减少。

50. 臭氧对皮肤的刺激

皮肤是人体重要的屏障器官,在皮肤角质层中含有维生素 E、维生素 C、谷胱甘肽等抗氧化物质,保护皮肤免受外界物质接触产生的氧化应激。臭氧可通过氧化皮肤生物分子,产生自由基和/或细胞毒性物质,消耗皮肤中的抗氧化剂,并将皮肤上的脂质或蛋白质过氧化,生成羰基或羧基类化合物。虽然臭氧与皮肤的反应仅限于皮肤-空气界面,但这种反应也会影响皮肤深层,引发炎症和细胞应激反应。臭氧促进炎症发生的作用,可以导致炎症性皮肤疾病如接触性皮炎。国内外均有报道显示,短期内臭氧浓度的增加,与总体和特定的皮肤病,如荨麻疹、湿疹、接触性皮炎、皮疹和感染等的急诊就诊和入院次数增加有关。

随着年龄增长,皮肤也在不断地衰老。此外,皮肤老化还受许多外在因素的影响,比如太阳辐射、烟草烟雾和空气污染等环境因素。臭氧可能导致皮肤胶原结构改变,易于皱纹的形成。皱纹是随着细胞外基质的降解而产生的,其特征是胶原分解和／或病理合成,长期暴露于臭氧,可引发细胞外基质降解,从而加剧粗皱纹的产生,还会增加面部的深皱纹。此外,臭氧会对人体皮肤中的维生素 E 起到破坏作用,致使人的皮肤起皱、出现黑斑。

51. 臭氧对呼吸系统的影响

高浓度臭氧环境下,对臭氧易感者会出现鼻及咽部黏膜刺激感。对实验动物的研究表明,长期暴露在高于环境水平的臭氧浓度下会导致持续的形态学变化,这可能是慢性呼吸道疾病的标志。暴露于臭氧的动物上呼吸道黏液细胞、上皮细胞等会发生变化,下呼吸道也会发生结构变化,包括基底膜区纤维组织的增加和远端导气管的重塑等。这些形态学变化表明,长期接触臭氧可能在慢性肺病和 / 或哮喘的发展中起作用。

急性暴露对呼吸系统的影响:臭氧急性暴露时间可以从几小时到几天不等。吸入臭氧后,会使呼吸道的肌肉收缩,把空气困在肺泡中,从而导致气喘和气短。吸入臭氧会导致炎症和急性但可逆的肺功能改变,以及气道高反应性,包括:气短、气喘、咳嗽;哮喘发作;呼吸道感染风险增加;对肺部炎症的易感性增加;哮喘或慢性阻塞性肺疾病(COPD)等肺部疾病的患者接受治疗和去医院的需求增加。慢性阻塞性肺疾病患者短期内接触臭氧,也会影响肺功能。

慢性暴露对呼吸系统的影响:一次呼吸臭氧超过 8 小时,持续数周、数月或数年,即为慢性接触。大量研究表明,这种接触对不同人群的健康都有一定影响。长期接触臭氧,患呼吸系统疾病的成年人(如哮喘、慢性阻塞性肺疾病、肺癌)具有较高的死亡率和发病率,危重病患者患急性呼吸窘迫综合征的风险也会增加。慢性臭氧暴露对儿童,特别是哮喘儿童有有害影响。童年时期在臭氧浓度高的地区生活过的年轻人,其肺功能的测量值要低于来自臭氧浓度较低地区的人。长期接触臭氧会增加哮喘儿童住院的风险,对年幼儿童和低收入家庭儿童的风险更大。臭氧也可能会伤害新生儿,表现为新生儿出生体重降低和肺功能下降。

呼吸空气中的其他污染物可能会使肺对臭氧更

敏感,吸入臭氧可能会增加身体对其他污染物的反应,如在吸入臭氧的同时,吸入大气中的二氧化硫和氮氧化物等常见污染物,会使肺部的反应比仅吸入臭氧更强烈。

此外,在人体正常的呼吸道上皮组织中,上皮细胞层形成了一个保护屏障,含有专门的纤毛结构,可以清除肺部的异物、黏液和病原体。暴露在臭氧中时,纤毛会受损,黏液纤毛对病原体的清除率降低。同时,上皮屏障变弱,使病原体越过屏障,增殖并扩散到更深的组织中。

52. 臭氧对心血管系统的影响

动物实验和人群研究结果均表明,臭氧对心血管系统会产生一定的影响。暴露于环境臭氧,某些心血管系统的指标会发生改变,如心率和舒张压增加、心率变异性降低,引起血管氧化应激、炎症反应等。

急性暴露对心血管系统的影响:急性臭氧暴露会导致短期自主神经失衡,心率变化和心率变异性降低;高浓度暴露 1 小时会导致老年人室上性心律失常,增加早死和脑卒中的风险。臭氧还可能导致血管收缩,使得全身动脉压升高,从而增加患者心脏病发病率和死亡率。跟踪植入除颤器的患者,观察到与臭氧浓度短期波动相关的阵发性心房颤动的发作风险增加。23 名年轻健康个体以随机交叉方式,暴露于清洁空气或 $600\,\mu g/m^3$ 臭氧中 2 小时,暴露期间进行间歇性运动。

与暴露于清洁空气相比,暴露于臭氧1小时内可以观察到受试者血液内促炎性细胞因子、凝血相关蛋白及纤维蛋白溶解系统等发生变化,该效应可持续到脱离臭氧暴露的24小时后,表明臭氧急性暴露可能使受试对象激活纤维蛋白溶解系统。但也有研究认为,臭氧急性暴露不会影响健康青年人的血管功能或心率变异性。36名健康男性以随机交叉方式暴露于清洁空气或600μg/m³的臭氧环境中75分钟,结果显示,与暴露于清洁空气相比,臭氧暴露结束后的2小时和6小时,受试对象心率、血压、血液炎症介质和凝血指标均无明显改变,研究期间受试对象心率变异性亦没有发生明显变化。

慢性暴露对心血管系统的影响:在动物实验中,与暴露于清洁空气中的大鼠相比,暴露于高浓度臭氧环境(1600μg/m³,每天8小时,28天或56天)中的大鼠易出现心肌功能障碍。具体表现为左心室收缩压和等容收缩期或舒张期心室腔中的压力变化比例下降,以及左心室舒张压上升。环境臭氧慢性暴露对人群心血管系统的影响尚未达成一致的结论,长期臭氧暴露与心血管疾病死亡之间无显著相关性。

53. 臭氧会导致过敏性疾病

臭氧也可能增加过敏者对过敏原的反应。幼年灵长类动物在长期暴露于臭氧和屋尘螨过敏原的情况下,会导致气道神经支配的改变以及远端气道嗜酸性粒细胞的积聚,表明臭氧暴露可诱导过敏,持续的臭氧暴露使动物对抗原的敏感性更高。臭氧能够通过降低变应原引发临床症状的阈值浓度而增强易感人群的呼吸道反应性,从而增强易感人群的过敏反应。如哮喘患者,不仅自身对臭氧更敏感,臭氧也能够增加其对变应原的超敏反应。哮喘和非哮喘人群呼吸系统疾病发病率和入院率的增加均与环境中臭氧的浓度上升有关。当臭氧和$PM_{2.5}$水平较高时,儿童更容易患花粉热和呼吸道过敏。

54. 臭氧对气候变化的影响

臭氧层像一个巨大的过滤网,为地球上的生命提供天然的保护屏障。大气温度主要依靠吸收地面的热辐射而升温,从地表越往高处越冷,在1万米上下,温度可低到-83℃。而再往上到平流层后,由于臭氧对太阳辐射的吸收,气温逐渐升高,当到达平流层顶部时(约5万米),气温可升至-3℃。臭氧层对太阳光中的紫外线有极强的吸收作用,能吸收99%的高强度紫外线,从而挡住了太阳紫外线对地球上人类和生物的伤害。如果没有臭氧层对太阳辐射的吸收,地球上的生物就会被"烤焦",一旦臭氧层遭到破坏,紫外线便会增强,直接影响地球表面温度,使全球气温升高的可能性增加。

此外,臭氧还可影响甲烷等其他温室气体的大气寿命,造成臭氧层破坏的主要物质——氯氟烃,是一种和二氧化碳类似的温室气体,氯氟烃不仅能破坏臭氧层,也能起到和二氧化碳一样的作用,加剧全球气候变暖。

55. 臭氧对植被的影响

臭氧具有强氧化特性,因此对植物的影响很大。臭氧主要通过植物叶片气孔进入植物体内,然后激发一系列生物化学反应产生活性氧自由基,活性氧自由基会进一步破坏细胞结构,改变植物体内蛋白质和氨基酸等组成成分,导致植物生理代谢紊乱。臭氧对植物的不利影响一般包括:加速叶片衰老、降解叶绿素、影响气孔开闭、减弱光合作用能力和抑制生长等。臭氧浓度很低时就能减缓植物生长,高浓度时杀死叶片组织,致使整个叶片枯死,最终引起植物死亡,比如高速公路沿线的树木死亡就被认为与臭氧有关。

56. 臭氧对农作物的影响

高浓度大气臭氧可损伤植物体内部结构和生理功能,影响植物正常生长,导致农作物减产。我国大气臭氧污染最严重的区域主要集中在京津冀、长三角和珠三角等经济高度发达的地区,这些地区也是重要的粮食生产地。臭氧高度污染的时期基本发生在每年的4—9月,恰好对应我国主要粮食作物(如水稻、小麦和夏玉米等)的生长季,臭氧不可避免地会威胁到农业生产。通过估算1990年和2020年臭氧对我国小麦、水稻、玉米和大豆的产量损失显示,1990年小麦、水稻、玉米的产量损失为1%～9%,大豆的产量损失为23%～27%;2020年这些农作物的产量损失大幅增加,小麦、水稻和玉米的产量损失上升到2%～16%,大豆的产量损失上升到28%～35%。

57. 臭氧对渔业的影响

在臭氧层被破坏的情况下,由于臭氧对紫外线的吸收减少,从而减少渔业产量。紫外线辐射可杀死10m水深内的单细胞海洋浮游生物。实验表明,臭氧减少10%,紫外线辐射增加20%,将会在15天内杀死所有生活在10m水深内的鳗鱼幼鱼。紫外线B辐射(UV-B)对鱼、虾、蟹、两栖动物和其他动物早期发育阶段都会产生危害,影响其繁殖力和幼体发育。浮游植物生产力下降与臭氧减少造成的UV-B辐射增加直接相关。浮游生物是海洋食物链的基础,浮游生物种类和数量的减少也会影响鱼类和贝类生物的产量。研究表明,如果平流层臭氧减少25%,浮游生物的初级生产力将下降10%,这将导致水面附近的生物减少35%。

六、臭氧的人群健康防护

58. 如何提前了解臭氧的污染状况

在采取必要措施减少臭氧造成健康危害之前,我们首先需要知道什么样的臭氧水平对健康有害。根据我国《环境空气质量指数(AQI)技术规定(试行)》,空气质量指数能够指导我们对臭氧水平进行判断。如果空气质量指数在三级或以上,也就是达到轻度污染级别,且主要污染物中有臭氧时,人们就要引起警惕,适当采取防护措施。我们可以通过电视或电台的天气预报、中华人民共和国生态环境部等官方网站、智能手机中的天气指数软件等途径来获取有关空气质量指数及臭氧实时浓度的信息。

59. 普通公众的防护措施

为减少臭氧污染对公众健康的影响,首先要做到减少在臭氧中暴露的时间。当室外臭氧浓度较高时,户外活动的时间越长、活动越剧烈,受到的健康危害可能性就越大。科学研究表明,臭氧水平高于 $0.20mg/m^3$ 时,短时间 (1～3 小时) 的户外剧烈运动会增加出现呼吸系统症状和肺功能下降的风险;臭氧水平为

0.15～0.20mg/m³ 时，即使是适度的户外活动，较长时间（4～8 小时）暴露也会增加臭氧对相关健康影响的风险。臭氧是阳光照射氮氧化物和挥发性有机化合物从而引发光化学反应产生的，由于夏季日照强烈，臭氧经常成为首要的大气污染物。一天当中，午后臭氧浓度逐渐达到峰值，且较高浓度会持续 1～2 小时，傍晚随着太阳辐射减弱，臭氧浓度才逐渐降低。因此，如须进行室外活动，应尽量避免在中午 12:00 到下午 16:00 之间外出，可选择清晨或傍晚进行室外活动。此外，可以选择合适的个人防护用品避免臭氧的健康危害。研究显示，含有活性炭夹层的口罩对臭氧具有良好的防护效果。同时，在臭氧浓度较高的午后外出时，可穿长袖衣裤、戴帽子，防止臭氧对皮肤、头发造成伤害。

60. 儿童的防护措施

臭氧的相对密度约为空气的 1.66 倍，常聚集在室外下层空间。儿童由于身高偏矮，因此成为最直接的受害者。同时,由于儿童呼吸频率高于成人,使其对臭氧的吸收量较高。国外相关研究显示,臭氧与美国多个城市的儿童呼吸系统疾病有关。慢性臭氧暴露的增加与儿童哮喘住院的增加有关。臭氧浓度每增加 $10\,\mu g/m^3$,儿童哮喘住院风险增加 1.63%,远高于同地区人群的研究结果。为防止臭氧污染对儿童健康造成伤害,首先要做到室外发生臭氧污染时尽量让儿童留在室内活动。夏季,幼儿园的室外活动课或小学的体育课,尽量安排在上午。老师应提前留意臭氧污染预报,如空气质量指数(AQI)达到三级或以上时,可将体育课等改在室内进行。其次,当室外发生臭氧污染时,儿童可佩戴含有活性炭夹层的口罩。

61. 儿童室外玩耍时如何防护

儿童好动的天性决定了其户外活动会比较多,建议在臭氧浓度比较高的夏季,把剧烈的活动安排在早晨;当室外臭氧浓度超过 $160\,\mu g/m^3$ 时,把户外活动安排在室内。如须外出,可佩戴含活性炭夹层的儿童型口罩。患有哮喘的儿童,须更加做好臭氧污染时的健康防护措施,家长要时刻关注空气质量指数,当空气质量指数达到三级或以上时,建议儿童留在室内,停止一切户外运动。因为室内的臭氧含量通常只有室外的20%～80%,减少户外活动时间或降低户外活动强度是预防臭氧诱发哮喘的最有效措施。在臭氧浓度较低的时段进行户外运动时,家长应随身携带缓解哮喘的药物,并在进行剧烈运动前询问医生是否需要提前服用药物。对于婴幼儿,则要更加留意臭氧对其健康的影响,婴幼儿的肺脏处于快速发育期,身体抵抗力弱,对臭氧污染更为敏感。家长携婴幼儿外出时,要提前关注空气质量预报,尽量避开臭氧浓度较高的时段。由于婴幼儿的呼吸系统发育还不完善,不适宜佩戴口罩等防护用品。当室外发生臭氧污染时,应关闭门窗,减少室外臭氧进入室内。

62. 孕妇的防护措施

相关研究发现,暴露于臭氧会影响子宫动脉血流,进而限制胎儿的生长。妊娠早期急性臭氧暴露会增加后代肥胖的风险。因此,在孕早期特别要避免臭氧的急性暴露,空气质量指数达到三级或以上时,避免户外活动。夏季室外臭氧浓度持续升高时,应关闭门窗。必须外出时,佩戴含活性炭夹层口罩进行防护,并尽量缩短户外活动时间。锻炼时间也要选择早晨臭氧浓度低的时段,避开中午和午后。孕妇在办公环境中,有可能受到复印机等产生臭氧的影响,可在使用复印机时开窗通风,避免室内臭氧的富集。

63. 老年人的防护措施

随着健康意识的增强,老年人通常喜欢通过户外运动、长时间走路的方式锻炼身体。而随着年龄的增长,人体衰老导致心肺功能下降,且大部分老年人还患有心脑血管疾病。因此,室外发生臭氧污染时会对老年人的健康造成一定程度的损害。在臭氧健康防护方面,老年人首先要减少臭氧污染时段外出。老年人获得空气质量指数或相关空气污染信息的能力相对较弱,臭氧污染多发生在天气晴朗的午后,因此应避免这个时段外出。另外子女应多关心老年人,提醒其在空气污染时避免外出,空气质量指数达到三级或以上时,要减少户外活动,可以把室外锻炼改为室内锻炼。夏季午后易发生臭氧污染,应及时关闭门窗,减少室外臭氧进入室内。心肺功能差的老年人,外出活动须佩戴含活性炭夹层的防护口罩,降低臭氧对健康的影响。

64. 老年人晒太阳的时间如何选择

民间传统认为晒太阳有三补,补骨、补阳气和补正气,所以大多数老年人喜欢坐在室外晒太阳。人体所需的维生素 D,其中 90% 都需要依靠晒太阳而获得。肌肤通过获取阳光中的紫外线合成维生素 D_3,身体再把维生素 D_3 转化为活性维生素 D,这种类型的维生素有助于人体对钙、磷的吸收,促进骨骼形成。老年人通常可在上午 9:00 以前和下午 16:00 以后晒太阳,但夏季日照时间较长,下午 16:00—17:00 又正是热浪滚滚的时候,晒太阳的时间可以推后到下午 17:00 以后。这样在日光浴中既补充了人体所需的维生素 D,又可避免臭氧污染对老年人健康的伤害。另外,老年人在晒太阳时可佩戴墨镜,避免阳光中紫外线对眼睛的损害。

65.医疗行业从业人员的防护措施

《医疗机构消毒技术规范》(WS/T 367—2012)规定,臭氧用于病房等场所的空气消毒时,其浓度需达到20mg/m³,持续作用 30 分钟,消毒后应开窗通风至少30 分钟,当室内空气中臭氧浓度低于 0.16mg/m³ 时人员才可进入。此类场所可配置便携式臭氧监测设备,用于检测臭氧消毒后房间内残留的臭氧浓度。规范中还明确臭氧用于物体表面消毒时,密闭空间内须采用浓度 60mg/m³ 臭氧,持续作用 1～2 小时。医院通常使用医用臭氧消毒柜对医疗器械等物品进行消毒、灭菌,应定期对设备进行检修、维护,防止设备因密封组件老化等问题导致臭氧泄漏。此外,臭氧消毒柜可放置在房间内通风较好的位置,防止因设备臭氧泄漏导致室内臭氧浓度超标。臭氧用于疾病治疗时,应根据不同疾病的治疗规范,严格控制臭氧浓度与治疗时间。医护人员在操作过程中也应做好个人防护措施,包括佩戴口罩、手套等。

66. 农业、养殖业人员的防护措施

使用臭氧进行农业生产前,应对从业人员进行专业培训。首先,提高农业、养殖业从业人员的臭氧防护意识,使其了解臭氧对身体健康的危害。其次,制定臭氧发生器及臭氧水的安全操作规范,可将其制作成教学视频,便于从业人员理解。蔬果种植中,如在大棚中发生臭氧,从业人员应在棚外使用遥控装置,尽量避免臭氧发生期间人员进入大棚。如遇特殊情况需进入大棚,应佩戴个人防护装备,如佩戴活性炭口罩、手套等,同时佩戴帽子、穿长衣长裤,防止臭氧对皮肤和头发的损伤。臭氧对蔬果防虫处置后,应打开大棚通风,待臭氧浓度衰减、稀释后人员再进入。使用臭氧水进行禽类养殖和农业灌溉时,从业人员应佩戴手套,防止皮肤接触到臭氧水。

67. 办公室人员的防护措施

室内臭氧通常主要来源于室外,但在办公场所,复印机、打印机的使用是室内臭氧产生的主要来源。激光复印机、打印机内含有紫外光源,运行时空气中氧分子被电离分解,从而形成臭氧。目前市场上销售的复印机、打印机会内置臭氧过滤片以防止运行时产生高

浓度臭氧。臭氧过滤片有使用寿命,可按产品说明书定期更换。安装臭氧过滤片的复印机或打印机在运行时产生的臭氧浓度通常为 0.01～0.02mg/m³,远低于我国《室内空气质量标准》(GB/T 18883—2002)中臭氧的 1 小时限值标准 0.20mg/m³。但在办公区域,通常会放置多台复印机、打印机。当多台设备同时运行时,室内通风条件较差的情况下,臭氧浓度会不断富集,从而造成臭氧污染。为防止办公场所的臭氧污染,可采取以下措施:第一,办公区内应为复印机、打印机设置单独区域,并与其他人员办公区隔开;第二,复印区应安排在室内通风换气良好的区域,必要时还须加装排风扇,以便稀释或排出办公环境空气中的臭氧;第三,办公人员在操作复印机时,可佩戴含活性炭夹层的口罩,既防止了臭氧的污染,也同时防止复印机排出的墨粉被人体吸入。

68. 室外作业人员的防护措施

近些年,我国在细颗粒物、可吸入颗粒物、氮氧化物、二氧化硫的污染控制方面取得了巨大的进展,但臭氧的污染状况有不断加剧的趋势。《2019 年中国生态环境状况公报》显示,全国 337 个地级及以上城市中,以臭氧为首要污染物的超标天数占总超标天数的 41.7%,仅次于 PM$_{2.5}$ 污染(45.0%),臭氧日最大 8 小时平均值从 2018 年的 139μg/m³ 上升到 2019 年的 148μg/m³。而京津冀及周边地区的 26 个城市臭氧日最大 8 小时平均值为 196 μg/m³,其中北京为 191 μg/m³,远高于《环境空气质量标准》(GB 3095—2012)二级标准限值 160 μg/m³。在臭氧污染较严重的珠三角地区,其中 9 个城市的臭氧日最大 8 小时平均值浓度为 176 μg/m³,较 2018 年上升了 17.3%。由于臭氧的生成是光化学反应的过程,需要强烈的光照,因此,臭氧污染多发生在天气晴朗、日照充足、气温高的夏秋季节。

从事室外工作的人群易暴露于臭氧污染中。为防止臭氧对人体健康产生危害,户外工作人员应合理安排工作时间,并采取必要的防护措施。科学研究显示,每日臭氧浓度呈单峰型分布,夜间由于生成臭氧的光化学反应较弱,在日出前臭氧浓度为一天中的最低值,而随着日出后太阳辐射的增强和温度的升高,臭氧浓度不断积累升高,在 14:00—16:00 臭氧浓度达到峰值。因此,室外工作应尽量避免安排在臭氧污染的高峰时段。目前,我国还没有发布与臭氧污染相关的室外工作防护建议。但应急管理部下发通知,为避免夏季高温工作对人体产生危害,要求日最高气温达到 40℃ 及以上时,应停止室外露天作业;最高气温达到 35℃ 及以上时,应按规定减少高温时段室外作业,适当增加高温作业劳动者的休息时间。深圳市专门出台了《深圳市高温天气劳动保护暂行办法》,规定高温天气下 12:00—15:00 应停止露天作业;因行业特点不能停止露天作业的,12:00—15:00 员工露天连续作业时间不得超过 2 小时。发生臭氧污染时，户外工作人群采取必要的个人防护措施可大大降低臭氧对健康的伤害。科学研究显示，含有活性炭夹层的口罩对臭氧的过滤效率可达 97% 以上，而不含活性炭夹层的口罩对臭氧的过滤效率仅为 30% 左右。因此，户外工作人员佩戴含活性炭口罩可大大降低臭氧对呼吸道的刺激及伤害。另外，长时间暴露在高浓度臭氧下还会对皮肤造成伤害。户外工作人员可适当穿长衣、长裤，尽量减少裸露在外的皮肤面积。

69. 臭氧职业暴露人群的防护措施

臭氧普遍应用于工业生产、食品加工、污水处理等行业，因此从业人员在日常工作中易暴露在臭氧污染的环境中。我国为保护职业人群健康，由国家卫生健康委发布了《工作场所有害因素职业接触限值第 1 部分：化学有害因素》（GBZ 2.1—2019）。其中臭氧的最高容许浓度（MAC）为 0.3 mg/m^3，即在一个工作日内、任何时间、任何工作地点所接触的臭氧浓度均不应超过该值。

在污水处理、工业原料生产时，加工或处理环节往往需要使用较高浓度的臭氧。因此，为保障从业人员健康，避免臭氧对从业人员的职业健康危害，可采取以下措施：首先，应建立健全职业病防护制度和操作规程，并对作业人员进行专门培训；其次，在生产过程中应加强通风，并可在使用高浓度臭氧的工序地点增设局部排风措施;第三,生产工艺尽可能机械化、自动化、密闭化,尽量降低人员暴露风险;第四,加强个人防护措施,人员进入污染区应佩戴自吸过滤式防毒面具;第五,如发生高浓度臭氧泄漏等突发情况,应采取必要的应急措施,如厂房配备相应品种和数量的应急处理设备,外部人员紧急救援时应佩戴空气呼吸器,迅速将患者转移至空气清新处,并立即就医。

在食品厂,臭氧消毒可用于食品加工间、储藏室等场所。为达到生产车间空气及物体表面的消毒效果,臭氧浓度通常需达到 20mg/m³,且持续时间至少 90 分钟。食品加工企业通常在人员进入生产区前 4 小时进行臭氧消毒,这样既可达到杀菌消毒的效果,又可使从业人员在工作中的臭氧暴露低于国家限值。目前,在食品的气体置换包装工艺中加入臭氧可起到防腐、保鲜的作用。加工过程自动化,可避免人员直接接触臭氧。但为防止发生臭氧气体泄漏等问题,生产区应设置臭氧浓度监测系统,人员在生产过程中应做好佩戴含活性炭夹层的口罩等防护措施。

70. 室内臭氧的防护措施

普通居民家中的臭氧污染主要来自室外。室外发生臭氧污染的情况下,只需关闭窗户就可阻挡室外臭氧进入室内。室内因缺少生成臭氧所需的太阳光,臭氧无法持续生成。另外,臭氧在室内接触物体表面后会很快消失,这是由于臭氧能与含不饱和碳碳键的有机化合物反应,包括橡胶、苯乙烯、不饱和脂肪酸及其脂类等,而这些有机物普遍存在于室内的建筑材料、家居用品中。

近年来,为减少雾霾对健康的影响,很多家庭在室内配备了空气净化器。如空气净化器采用高压静电原理,要引起大家的注意。此类空气净化器在去除 $PM_{2.5}$ 的同时可能会造成臭氧污染。我国《空气净化器》(GB/T 18801—2015)、《家用和类似用途电器的抗菌、除菌、净化功能 空气净化器的特殊要求》(GB 21551.3—2010)中都对净化器在运行时产生的臭氧浓度提出了要求。标准要求净化器类产品在运行时,出风口 5cm 处臭氧浓度应不高于 $0.10mg/m^3$。因此,家庭安装高压静电类空气净化器时,要注意产品说明书及检测报告,避免空气净化器带来的臭氧二次污染。

71. 臭氧污染天气是否可以外出锻炼

室外发生臭氧污染时,尽量避免外出锻炼。在锻炼时,随着运动强度的增加,人体心率会加快,同时会提高呼吸频率来维持人体正常需氧量。在臭氧污染情况下,人体会吸入更多的有害物质,对健康带来更多的损害。另外,锻炼时佩戴防护口罩虽可起到防止臭氧污染的作用,但会影响正常呼吸。在一定强度的运动中,会使人感到呼吸不顺畅、胸闷等。

72. 臭氧污染时是否可以使用空气净化器净化室内空气

由于臭氧的物理特性,其在正常情况下极不稳定,遇到室内物品时会自行分解。室外发生臭氧污染时,人们只需关闭门窗,室内的臭氧会很快消失。工业生产时,如使用高浓度臭氧,空气过滤系统会安装活性炭去除臭氧。但在家庭中无需使用空气净化器去除臭氧。在办公室、复印社内,同时使用多台激光复印机、打印机可能会引起室内臭氧污染,此时可用含活性炭过滤网的空气净化器去除臭氧。

73. 臭氧污染时应选择哪种防护口罩

选择适合的防护用品可有效避免臭氧对人体的健康危害。研究显示,含活性炭夹层的口罩对臭氧有良好的防护效果,其对不同浓度的臭氧过滤效率均可达到97%以上,是普通不含活性炭口罩的3～4倍。因此,发生臭氧污染时,敏感人群外出应尽量佩戴含活性炭夹层的口罩,从而避免吸入臭氧对呼吸系统造成损害。人们在购买此类口罩时,一定要看清外包装上是否有明确的"活性炭"标识再购买。目前,很多国内外厂商均生产含活性炭夹层的口罩,人们可在超市、电商、药店等购买。

74. 防护口罩如何佩戴及更换

无论是一次性口罩,还是其他口罩,都是有正反面的。佩戴时口罩正面朝外。另外,大部分口罩内有鼻夹金属条,有金属条的一端是口罩的上方,不要戴颠倒了。口罩戴在面部后,需要用双手紧压鼻梁两侧的金属条,使口罩上端紧贴鼻梁,让口罩与脸部完全贴合,不要留下空隙。如佩戴的是一次性口罩,在压紧鼻部金属条后,还需向下拉伸口罩,使口罩不留褶皱,更好地覆盖鼻子和嘴巴。

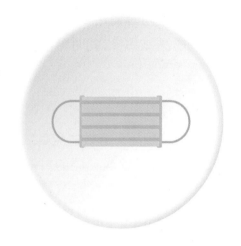

通常情况下,口罩中活性炭吸附层对污染物的吸附能力会随吸附饱和而逐渐下降,进而失去防护效果,此时需要更换口罩。相关研究测试了口罩对臭氧的有效净化时间,可以为公众确定口罩使用寿命提供参考。实验结果表明,即使在高浓度下 [0.4mg/m³,《环境空气质量标准》(GB 3095—2012) 中臭氧 1 小时二级浓度限值 0.2mg/m³ 的 2 倍],测试的多款活性炭口罩在连续实验 24 小时后净化效率仍维持在 97% 以上。如按照每人每天佩戴口罩 3 小时计算,此类产品一周之内均能对臭氧起到很好的防护效果。需要说明的是,有效净化时间只是判断是否需要更换口罩的因素之一,决定口罩实际使用寿命的重要因素还包括:是否存在因口罩上颗粒物的积聚,吸气阻力增大,佩戴舒适度降低问题;是否存在鼻夹脱落、口罩罩体破损问题;是否存在口罩长时间佩戴造成微生物污染问题等。

七、臭氧的控制与治理

75. 臭氧治理的困难有哪些

臭氧污染防控的难点主要体现在以下三个方面：①臭氧在大气中存在的时间较 $PM_{2.5}$ 长、可以扩散至更广的地区，需要厘清不同地区间的相互作用；②臭氧与前体物存在一定的关系，削减臭氧前体物排放需符合一定的比例且因地制宜；③臭氧前体物来源复杂，种类繁多，活性差异较大，精准控制难度大。

臭氧与 $PM_{2.5}$ 是大气污染的两个方面，$PM_{2.5}$ 浓度降低导致紫外线增强，防控 $PM_{2.5}$ 的措施导致污染源结构变化，可能是现阶段臭氧污染的主要原因。所以，如何平衡 $PM_{2.5}$ 和臭氧的协同防控，将常规防控与应急防控相结合，将末端和源头治理与产业、能源、交通、用地四大结构调整相结合，实现标本兼治，是现阶段的难点和重点。

76. 燃油质量对臭氧及其前体物是否有影响

有影响。硫含量、芳烃含量、烯烃含量、里德蒸气压是汽油品质的主要参数，硫含量、芳烃含量、十六烷值是柴油品质的主要参数。使用质量好的燃油，硫、

烯烃、氮、芳烃等的含量均较低,燃烧后将产生更少的
SO_2、CO、颗粒物、氮氧化物和挥发性有机物,可减少臭
氧的污染。

77. 哪些国家实施了臭氧相关标准

有职业暴露的工人,如电厂、焦化厂、垃圾焚烧厂
工人,美国职业安全与健康管理局和职业安全健康研
究所在1978年颁布的《职业安全健康指南:臭氧》中,
即提出了8小时职业接触限值为241.4 $\mu g/m^3$。

日常生活中臭氧浓度比职业暴露浓度低。为更好
地控制臭氧污染,减少臭氧可能对人体健康造成的危
害,目前世界卫生组织(WHO)、一些国家和地区都对
环境空气中臭氧浓度做出了严格的规定,大部分规定
了1小时和8小时平均浓度。WHO《关于颗粒物、臭氧、
二氧化氮和二氧化硫的空气质量准则(2005版)》建
议,日最大8小时平均环境臭氧浓度限值为100 $\mu g/m^3$,
美国、加拿大、英国和欧盟等国家制定的臭氧暴露限值
浓度范围主要集中在40~200 $\mu g/m^3$。

78. 我国有哪些臭氧相关的法律、法规和标准

我国制定了臭氧职业暴露、非职业暴露室内和室
外臭氧浓度限值,于2007年制定了《工作场所有害
因素职业接触限值 第1部分:化学有害因素》(GBZ
2.1—2007),规定了职业暴露情况下臭氧的最大接触
浓度为300 $\mu g/m^3$。《室内空气标准》(GB/T 18883—

2002）规定 1 小时室内臭氧浓度限值为 160 μg/m³。我国《环境空气质量标准》（GB 3095—2012）规定了室外臭氧浓度限值，分成两个级别，一级标准为 1 小时平均值不超过 160 μg/m³，8 小时平均值不超过 100 μg/m³；二级标准为 1 小时平均值不超过 200 μg/m³，8 小时平均值不超过 160 μg/m³，与其他国家和地区规定的限值基本一致。

79. 我国有哪些臭氧前体物控制相关的法律、法规和标准

我国颁布了多项控制臭氧前体物质的法律、法规和标准。

针对氮氧化物，我国有严格的氮氧化物工业控制标准，如《火电厂大气污染物排放标准》（GB 13223—2011）、《钢铁烧结、球团工业大气污染物排放标准》（GB 28662—2012）、《重型柴油车污染物排放限值及测量方法　中国第六阶段》（GB 17691—2018）、《非道路移动机械用柴油机排气污染物排放限值及测量办法　中国Ⅰ、Ⅱ阶段》（GB 20891—2007）和《非道路移动机械用柴油机排气污染物排放限值及测量方法　中国第三、四阶段》（GB 20891—2014）、《船舶发动机排气污染物排放限值及测量方法　中国第一、二阶段》（GB 15097—2016）和《涡轮发动机飞机燃油排泄和排气排出物规定》（中国民用航空总局令〔2002〕108 号）等，主要涉及火电、锅炉、生活垃圾焚烧、机动车、船舶等

污染源。

针对挥发性有机物,我国对不同行业(包括轧钢工业、石油炼制、石化、制药等 10 多个行业)、不同工艺过程、不同挥发性有机物(非甲烷总烃、总挥发性有机物、苯系物、异氰酸酯类、1,2-二氯乙烷、甲醛等)制定了排放标准,特别是 2019 年发布的《挥发性有机物无组织排放控制标准》(GB 37822—2019),首次对无组织排放控制规定了排放标准限值。

80. 公众如何参与降低近地面臭氧污染的行动

降低臭氧污染,从我做起:①绿色出行,减少机动车的使用;②减少臭氧消毒器、果蔬清洗剂等使用;③少看电视,少去歌舞厅、电影院;④使用环保打印机,推行无纸办公;⑤给机动车加油时选择质量较好的燃油。

81. 环保监督电话

遇到偷排、乱排、违规排放产生臭氧前体物的情况,如未经任何处理排放废气的火电厂等,可拨打环保监督电话 12369 进行举报。

附件

附件1 空气质量指数、空气质量预报中常见的名词术语及如何判断不同级别 AQI 对应的臭氧污染

1.空气质量指数

2012年,我国环境保护部发布了《环境空气质量指数(AQI)技术规定(试行)》(HJ 633—2012),AQI 是定量描述空气质量状况的无量纲指数,针对单项污染物还规定了空气质量分指数。根据空气中主要污染物:细颗粒物($PM_{2.5}$)、可吸入颗粒物(PM_{10})、二氧化硫、二氧化氮、臭氧、一氧化碳的浓度,将 AQI 分为六级:一级优、二级良、三级轻度污染、四级中度污染、五级重度污染和六级严重污染。

2.空气质量预报中常见的名词术语

(1)空气质量指数:定量描述空气质量状况的无量纲指数,用 AQI 表示。

(2)空气质量分指数:单项污染物的空气质量指数,用 IAQI 表示。

（3）首要污染物：AQI 大于 50 时，IAQI 最大的空气污染物。

（4）超标污染物：浓度超过国家环境空气质量二级标准的污染物，即 IAQI 大于 100 的污染物。

3. 如何判断不同级别 AQI 对应的臭氧污染

臭氧与 $PM_{2.5}$ 等污染物不同，是以每日臭氧浓度 8 小时滑动平均值的最大值进行评价，若最大值超过 160 μg/m³，空气质量则属于轻度污染。详见附表 1。

附表 1　空气质量指数及相关臭氧浓度限值

空气质量分指数	空气质量指数级别	空气质量指数类别及表示颜色		臭氧(O_3)1小时平均/（μg·m⁻³）	对健康影响情况	建议采取的措施
0～50	一级	优	绿色	0～160	空气质量令人满意，基本无空气污染	各类人群可正常活动
51～100	二级	良	黄色	161～200	空气质量可接受，但某些污染物可能对极少数异常敏感人群健康有较弱影响	极少数异常敏感人群应减少户外活动
101～150	三级	轻度污染	橙色	201～300	易感人群症状有轻度加剧，健康人群出现刺激症状	儿童、老年人及心脏病、呼吸系统疾病患者应减少长时间、高强度户外锻炼

续表

空气质量分指数	空气质量指数级别	空气质量指数类别及表示颜色		臭氧(O_3)1小时平均/($\mu g \cdot m^{-3}$)	对健康影响情况	建议采取的措施
151～200	四级	中度污染	红色	301～400	进一步加剧易感人群症状,可能对健康人群心脏、呼吸系统有影响	儿童、老年人及心脏病、呼吸系统疾病患者避免长时间、高强度的户外锻炼,一般人群适量减少户外运动
201～300	五级	重度污染	紫色	401～800	心脏病和肺部疾病患者症状显著加剧,运动耐受力降低,健康人群普遍出现症状	儿童、老年人和心脏病、肺病患者应停留在室内,停止户外运动,一般人群减少户外运动
＞300	六级	严重污染	褐红色	＞800	健康人群运动耐受力降低,有明显强烈症状,提前出现某些疾病	儿童、老年人和患者应当留在室内,避免体力消耗,一般人群应避免户外活动

说明:臭氧(O_3)空气质量分指数按1小时平均浓度计算的分指数报告。

附件 2　产生臭氧的光化学反应

产生臭氧的光化学反应涉及数千个物质、两万多个反应,目前认为可能有以下几个主要阶段:

1. 起始阶段

二氧化氮(NO_2)在日光的作用下吸收光能,产生臭氧和原子氧。

2. 自由基生成阶段

如果缺乏挥发性有机物,产生的臭氧可与一氧化氮(NO)反应,再次生成二氧化氮(NO_2),在日光的作用下,只会引起自由基的增加,不会造成臭氧的净增长。但在挥发性有机物存在的情况下,则会启动自由基的传递。

3. 自由基传递阶段

在这个阶段,每一种自由基都可产生另一种自由基,并可以产生醛类($RCHO$),醛类又可吸收光能,参与光化学反应,生成更多的自由基。

4. 自由基减少阶段

在这个阶段自由基减少,产生更多稳定的物质如硝酸(HNO_3)、亚硝酸(HNO_2)等。

附件3　氮氧化物的定义

氮氧化物是指含氮的一类化合物,包括一氧化二氮(N_2O)、一氧化氮(NO)、二氧化氮(NO_2)、三氧化二氮(N_2O_3)、四氧化二氮(N_2O_4)和五氧化二氮(N_2O_5)等。除二氧化氮以外,其他氮氧化物均极不稳定,遇光、湿或热变成二氧化氮及一氧化氮,一氧化氮又变为二氧化氮。氮氧化物的主要来源有人为排放和自然排放。各种矿物质燃烧过程中都可以产生氮氧化物,当温度达到1500℃以上时,空气中的氮气和氧气可以直接合成氮氧化物。氮氧化物的人为排放包括交通、工业和农业排放等,其中城市地区至少有一半的氮氧化物来自机动车排放,其余则主要由工业和民用燃煤(如火力发电厂、锅炉厂等)、石油化工、焦化、冶炼,以及生活垃圾焚烧等排放。农业中给农作物施加氮肥、牲畜粪便堆肥等亦可增加大气中氮氧化物的浓度。自然排放则包括雷电、高温、火山爆发、森林大火以及土壤微生物分解含氮有机物等,这些自然现象的发生都会向大气中释放氮氧化物。

附件 4　挥发性有机物的定义

　　挥发性有机物有不同的定义,通常是指在标准压力 101.3kPa 下初沸点小于或等于 250℃的全部有机化合物。在特定标准中有专门的界定,如《挥发性有机物无组织排放控制标准》(GB 37822—2019)中规定,挥发性有机物指参与大气光化学反应的有机化合物,或者根据有关规定确定的有机化合物。按挥发性有机物的化学结构,可进一步分为 8 类:烷烃类、芳香烃类、烯烃类、卤代烃类、酯类、醛类、酮类和其他化合物。常见的挥发性有机物包括苯、甲苯、二甲苯、苯乙烯等苯系物,三氯乙烯、三氯甲烷、三氯乙烷等有机氯化物,氟利昂系列、二异氰酸酯(TDI)、二异氰甲苯酯等。挥发性有机物的来源也可分为人为排放和自然排放两种。人为排放主要包括化石燃料燃烧(如汽车尾气、煤燃烧等)、生物质燃料燃烧、油气挥发和泄漏(如汽油、液化石油气、天然气等)、溶剂和涂料的挥发(如油漆、清洗剂和黏合剂等)、石油化工、烹饪和烟草烟气等。自然排放主要包括生物排放(如植被、土壤微生物等)和非生物过程(如火山喷发、森林或草原大火等)。

附件 5 《关于保护臭氧层的维也纳公约》的主要内容

《关于保护臭氧层的维也纳公约》对缔约方提出要求：一是通过系统的观察、研究、交流和合作，更好地了解和评价人类活动对臭氧层的影响以及臭氧层变化对人类健康和环境的影响；二是采取适当的立法和行政措施，从事合作，协调适当的政策，以便对本国某些人类活动，在已经或可能改变臭氧层而造成不利影响时，加以控制、限制、削减或禁止；三是从事合作，制定执行本公约的商定措施、程序和标准，以期通过有关控制措施的议定书和附件。

《关于保护臭氧层的维也纳公约》包括前言和二十一款条文，其中，第二至五条为实质性条款，其余十七条属于一般性条约条款，诸如定义、批准、生效条件和批准程序等。

在实质性条款中，第二条最为重要，规定了缔约国的一般义务，缔约国应采取保护人类健康和环境的适当措施，以避免由于人类改变或可能改变臭氧层活动而产生或可能产生的不利影响。为此目的，缔约国应在研究和资源交换方面，在制定措施执行公约方面进行合作，并采用适当的国内立法或行政措施，为协调有关政策而进行合作，以控制、减少在国家管辖范围内的对臭氧层具有或可能具有不利影响的活动。第三至第五条是对第二条的具体化。第三条要求缔约国对臭氧层进行系统观察、研究和评估。观察和研究的具体范围主要包括：第一，大气的化学和物理现象；第二，臭氧变化对人体健康、生物和气候以及光能衰变的影响；第三，臭氧层变化对合成物质的影响；第四，臭氧改变对社会经济发展的影响。第四条规定缔约国之间应进行资料的交换。交换的资料共有四类：第一，科学资料，诸如计划的和正在进行的研究、研究结果以及研究结果的评价；第二，技术资料，包括为减少损耗臭氧层物质的排放而生产化学替代物质和提供可选择的技术的可用性与费用；第三，依《关于保护臭氧层的维也纳公约》中第一个附件所列的有潜在能力改变臭氧层化学平衡的化学物质的社会、经济和商业资料，如生产能力和使用方式等；第四，立法资料，诸如有关臭氧层保护的国家法律、行政措施和国防协定等。第五条要求缔约国应将其为执行公约所采取措施的信息随时通知缔约国大会。

《关于保护臭氧层的维也纳公约》的其他条款主要涉及三方面问题：第一，规定公约的实施机构和生效问题；第二，关于解释和适用公约的争端解决问题；第三，关于修正案、附件和议定书问题。

附件 6 《关于消耗臭氧层物质的蒙特利尔议定书》的主要内容

《关于消耗臭氧层物质的蒙特利尔议定书》制定和通过了 20 多项保护臭氧层的政策,各签约国分阶段停止生产和使用氯氟烃制冷剂,发达国家要在 1996 年 1 月 1 日前停止生产和使用氯氟烃制冷剂,而其他所有国家都要在 2010 年 1 月 1 日前停止生产和使用氯氟烃制冷剂,现有设备和新设备都要改用无氯氟烃制冷剂。

《关于消耗臭氧层物质的蒙特利尔议定书》规定了受控物质的种类,包括氯氟烃、哈龙、四氯化碳、甲基氯仿、甲基溴、氢氯氟烃(HCFC);规定了受控物质生产和消费的基准数量和淘汰时间;对贸易进行控制,要求建立进出口许可证系统;要求各缔约方报告年度生产、使用和进出口的数据;建立了公约运行机制、资金支持机制、定期评估机制。

附件 7 《中国逐步淘汰消耗臭氧层物质的国家方案》的主要内容

《中国逐步淘汰消耗臭氧层物质的国家方案》中，政府战略包括恪守义务、行业方式、强化政策法规、结合产业机制调整、同步发展替代品、加速淘汰进程。

《中国逐步淘汰消耗臭氧层物质的国家方案》中的政策与监督管理包括：地方环保局要贯彻落实有关政策法规；监督当地受控物质的生产、消费和进出口以及多边基金项目的实施；通过排污申报登记制度掌控当地企业消耗臭氧层物质的生产与消费状况；通过建设项目管理制度和环境影响评价制度，控制消耗臭氧层物质及其制品的新建、改造、扩建项目建设；向原国家环保总局推荐多边基金赠款项目等。

附件 8 《消耗臭氧层物质管理条例(草案)》的主要内容

《消耗臭氧层物质管理条例(草案)》从总则、生产、销售和使用、进出口、监督检查、法律责任等方面作了规定。

1. 总则

总则提出了立法宗旨(第一条)、消耗臭氧层物质定义、条例使用范围、相关部门职责、条例管辖的消耗臭氧层物质用途(第五条)、国家对消耗臭氧层物质的总体管理模式(第七条)、替代品开发应用(第八条)。

2. 生产、销售和使用

此部分提到了消耗臭氧层物质生产和使用配合许可制度和消耗臭氧层物质销售备案制度,如第十条要求消耗臭氧层物质的生产、使用单位,应当申请领取配额许可证,并列明例外情形;第十一条规定了消耗臭氧层物质生产、使用单位应具备的条件;第十七条规定了消耗臭氧层物质销售备案制度;第十九条也是备案制度;第二十条规定了减少消耗臭氧层物质的泄漏和排放;还提到了企业数据报送义务。

3. 进出口

进出口的内容在第二十二条,国家对进出口予以控制,并实行名录管理,对列入《中国进出口受控消耗臭氧层物质名录》的消耗臭氧层物质进出口实行配额许可制度。

4. 监督检查

第二十五条规定县级以上人民政府环境保护主管部门及其他有关部门,依照条例的规定和各自的职责分工对消耗臭氧层物质的生产、销售、使用和进出口等活动进行监督检查;第二十六条规定县级以上人民政府环境保护主管部门及其他有关部门监督检查时有权采取的措施。

5. 法律责任

法律责任主要指的是违反条例的行为和相应的惩罚措施。

附件 9 《关于严格控制新建、改建、扩建含氢氯氟烃生产项目的通知》的主要内容

各地不得新建、改建或扩建用作制冷剂、发泡剂、溶剂、化工助剂等受控用途的含氢氯氟烃 (HCFCs) 的生产设施;企业新建、改建或扩建用作化工产品专用原料的含氢氯氟烃生产设施的,必须向环保部门提交其原料用途证明材料办理审核等手续,审核通过的还需向环保部门列出目前使用含氢氯氟烃为原料的生产工艺和用途;对于已建成的含氢氯氟烃生产设施需要进行异址建设或改造的,不得增加生产能力;违反以上规定建设的含氢氯氟烃生产装置,由地方环保部门报请同级人民政府责令拆除,并依法追究相关责任。

附件 10 《禁止全氯氟烃物质生产的公告》的主要内容

1. 自 2007 年 7 月 1 日起,任何企业不得生产除药用吸入式气雾剂用途、原料和豁免用途以外的氯氟烃物质,禁止生产的全氯氟烃物质名录见第 4 条。各相关企业应于 2007 年 8 月 15 日前拆除第 4 条所列全氯氟烃物质的生产装置。

2. 凡生产药用吸入式气雾剂用途、原料和豁免用途的氯氟烃物质的,生产企业必须向原国家环保总局申请,经批准后才能生产。

3. 各有关部门要积极督促和协助企业认真执行上述规定,切实做好全氯氟烃物质的淘汰工作。对违反上述规定的企业,由地方环保行政主管部门会同有关部门依法处罚。

4. 禁止生产的全氯氟烃物质名录:三氯一氟甲烷、二氯二氟甲烷、一氯三氟甲烷、三氯三氟乙烷、二氯四氟乙烷、一氯五氟乙烷、五氯一氟乙烷、四氯二氟乙烷、七氯一氟丙烷、六氯二氟丙烷、五氯三氟丙烷、四氯四氟丙烷、三氯五氟丙烷、二氯六氟丙烷、一氯七氟丙烷。

参考文献

[1] 徐怡珊,文小明,苗国斌,等.臭氧污染及防治对策 [J].中国环保产业,2018(6):35-38.

[2] 闫家鹏.臭氧污染的危害及降低污染危害的措施 [J].南方农业,2015,9(6):188-189.

[3] 罗雄标.臭氧污染物来源与控制 [J].资源节约与环保,2015(8):137-137.

[4] 张贺,广海军.臭氧层破坏对环境产生的影响及预防措施 [J].资源节约与环保,2020(5):6-7.

[5] 梁燕勋.臭氧层破坏引发的环境问题 [J].资源节约与环保,2015(7):131.

[6] 王永崇.谁将成为土壤消毒市场中甲基溴的真正替代品 [J].农药科学与管理,2013,34(2):7-10.

[7] 沈友.溴甲烷替代物与替代技术综述 [J].环球法律评论,2011,31(6):50-56.

[8] 姜恒.臭氧及臭氧层破坏及其保护机制分析 [J].低碳世界,2017(3):27-28.

[9] DODD J G, VEGI A, VASHISHT A, et al. Effect of ozone

treatment on the safety and quality of malting bareley[J]. Journal of Food Protection, 2011, 74(12):2134-2141.

[10] PATIL S, VALDRAMIDIS V P, TIWARI B K, et al. Quantitative assessment of the shelf life of ozonated apple juice[J]. European Food Research and Technology, 2011, 232(3):469-477.

[11] 周建新,张杜娟,林娇,等.臭氧处理小麦生产低菌粉的研究 [J].中国粮油学报,2013,28(6):15-19.

[12] 蔡玮.催化臭氧氧化法在有机废水处理中的应用研究 [J].资源与环境,2016,(4):146.

[13] 阎世江,翟海翔,张治家.臭氧在农业中的应用研究进展 [J].农业技术与装备,2018,337(01):10-11.

[14] 陈学敏,杨克敌.现代环境卫生学 [M].2版.北京:人民卫生出版社,2008.

[15] ZHANG J J, WEI Y, FANG Z. Ozone Pollution: A Major Health Hazard Worldwide[J]. Front Immunol, 2019 (10): 2518.

[16] HE J, GONG S, YU Y, et al. Air pollution characteristics and their relation to meteorological conditions during 2014–2015 in major Chinese cities[J]. Environmental pollution, 2017 (223):484-496.

[17] MOGHANIA M, ARCHERA C, MIRZAKHALILIB A. The importance of transport to ozone pollution in the U.S. Mid-Atlantic[J]. Atmospheric Environment, 2018(191):420-431.

[18] ZHU J, CHEN L, LIAO H, et al. Correlations between PM 2.5 and ozone over China and associated underlying reasons[J]. Atmosphere, 2019(10):352.

[19] 王书肖, 邱雄辉, 张强, 等. 我国人为源大气污染物排放清单编制技术进展及展望 [J]. 环境保护, 2017, 45(21): 21-26.

[20] 薛志钢, 杜谨宏, 任岩军, 等. 我国大气污染源排放清单发展历程和对策建议 [J]. 环境科学研究, 2019, 32(10): 1678-1686.

[21] HWANG S H, CHOI Y H, PAIK H J, et al. Potential Importance of Ozone in the Association Between Outdoor Air Pollution and Dry Eye Disease in South Korea[J]. JAMA Ophthalmol, 2016, 134(5):503-510.

[22] KIM Y, PAIK H J, KIM M K, et al. Short-Term Effects of Ground-Level Ozone in Patients With Dry Eye Disease: A Prospective Clinical Study[J]. Cornea, 2019, 38(12):1483-1488.

[23] FUKS K B, WOODBY B, VALACCHI G. Skin damage by tropospheric ozone[J]. Hautarzt, 2019. 70(3):163-168.

[24] DYE J A, COSTA D L, KODAVANTI U P. Executive Summary: variation in susceptibility to ozone-induced health effects in rodent models of cardiometabolic disease[J]. Inhal Toxicol, 2015, 27(Suppl 1):105-115.

[25] 陈浪, 赵川, 关茗洋, 等. 我国大气臭氧污染现状及

人群健康影响 [J]. 环境与职业医学,2017,34(11):
1025-1030.

[26] MCDONALD B C, DEGOUW J A, GILMAN J B,
et al. Volatile chemical products emerging as largest
petrochemical source of urban organic emissions[J].
Science, 2018, 359(6377):760-764.

[27] SILVA R A, West J J, ZhANG Y, et al. Global
premature mortality due to anthropogenic outdoor
air pollution and the contribution of past climate
change[J]. Environ Res Lett, 2013,8(3):034005.

[28] BELL M L, ANTONELLA Z, FRANCESCA D.
Who is More Affected by Ozone Pollution? A
Systematic Review and Meta-Analysis[J]. American
Journal of Epidemiology, 2014,180(1):15-28.

[29] OLENICK C R, CHANG H H, KRAMER M R, et al.
Ozone and childhood respiratory disease in three US
cities: evaluation of effect measure modification by
neighborhood socioeconomic status using a Bayesian
hierarchical approach[J]. Environ Health, 2017, 16(1):36.

[30] 李韵谱,刘茜,陈晶晶,等 . 常用口罩对臭氧过滤效
果研究 [J]. 环境与健康杂志,2018(11):947-950.